わかりやすい 機構学

伊藤智博・新谷篤彦・中川智皓 著

共立出版

まえがき

　現代社会では，生産現場におけるロボットなど，非常に多種多様な機械が当然のように用いられており，これらの機械は高度に発達した複雑な機構が組み合わさって成り立っている．特に近年，3Dプリンタの出現により非常に複雑な3次元形状の部品も容易に作れるようになってきている．もちろん，機構にも多種多様なものが存在し，簡単なものは，紀元前までさかのぼることがわかっている．これらの複雑化した機械を十分理解し有効に利用するとともに，より優れた新しい機械を創出するためには，これらの機械を構成する要素と基本的な仕組みや機構を十分理解しておくことが重要といえる．そのための学問が「機械力学」であり，「機械振動学」および機構の考え方を取り扱う「機構学」，「機械運動学」から成る．これらはいずれも機械工学の根幹をなす重要な学問であり，多くの大学で必修とされている場合が多い．著者らも，大学の学部2年生を対象にして，既存の各種参考書を基にして，半年間15週で「機構学」，「機械運動学」の講義を行って来たが，15週ですべてを盛り込むことは非常に難しいと常に感じている．

　そこで，「機構学」や「機械運動学」について何らの研究実績もない著者らにとって非常におこがましい次第であるが，以上のような背景のもとに，本書を執筆させていただいた．本書では，これから機械や機構の設計に従事する技術者や大学の学生のための入門書として，短い期間に必要最小限の知識を修得できることを目標にしている．そのため，できるだけ必須の事項を抽出してなおかつ，高校卒業程度の知識があれば理解できるように，平易にわかりやすく記述したつもりであり，より詳細な内容は他の参考書にゆだねることとした．また，第8章では，実際に機構設計を行う技術者にとって役立つように，いくつかの機構を例にとって，それらの解析方法を示している．各章末には演習問題を盛り込み，理解しやすいようにしている．なお，一部の問題の解答において数値計算を要する部分については，近年技術計算で多用されている汎用解析ソフトMATLABのプログラムリストを準備し，出版社のホームページから入手できるようにしている．

　本書の構成は以下のようになっている．
　第1章では，機械と機構に関する基礎的事項および関連する数学的な基礎について述べている．第2章では，平面内で運動するリンク機構とその運動解析について説明している．第3章では，より実際に近い機構である空間運動機構の運動解析について述べ，代表例としてロボットアームの運

動解析の基本やジャイロモーメントについて説明している．第4章ではカム機構について，第5章では歯車機構について，第6章では摩擦伝動機構について，第7章では巻きかけ伝動機構について，それらの構造や特徴，理論的な取扱い方の要点について説明している．第8章では，実務に携わる技術者に役立つよう，いくつかの機構を例にとり，それらの運動解析を行う場合の数学的な取扱い方を示し，理解を深めるようにしている．

　以上のような目標をもって本書を執筆したのであるが，著者らの浅学菲才のため，多くの誤り，不備，説明不足の部分があるかも知れない．諸先輩あるいは読者諸賢のご批判と忌憚のないご意見をいただければ幸いである．また，多くの機構学関係の著書を参考にさせていただいた．これらを著した諸先輩に深く感謝の意を表する次第である．

　本書の刊行にあたり，種々ご配慮いただいた共立出版(株)の方々に厚くお礼申し上げる次第である．また，原稿の整理，図表の作成に当たっては，著者らの研究室の大学院生に手伝っていただいた．改めて，ここに関係者の皆様方に深く感謝致します．

2016年9月

著者一同

〈執筆分担〉

第1章　　伊藤智博
第2章　　新谷篤彦
第3章　　新谷篤彦
第4章　　伊藤智博
第5章　　伊藤智博
第6章　　伊藤智博
第7章　　伊藤智博
第8章　　中川智皓

目 次

第1章 機構学に関する基礎的事項　1
- 1.1 機械とは ……………………………………………………………… 1
- 1.2 機構と機構学 …………………………………………………………… 2
- 1.3 機素と対偶 ……………………………………………………………… 4
- 1.4 リンクと連鎖 …………………………………………………………… 6
- 1.5 連鎖の自由度 …………………………………………………………… 8
  - 1.5.1 対偶の自由度 …………………………………………………… 8
  - 1.5.2 平面機構の自由度 ……………………………………………… 8
  - 1.5.3 立体機構の自由度 ……………………………………………… 10
- 1.6 平面機構の瞬間中心 …………………………………………………… 13
- 1.7 機構の解析に必要な数学的基礎 ……………………………………… 15
  - 1.7.1 回転ベクトルと調和振動 ……………………………………… 15
  - 1.7.2 回転ベクトルの複素数表示 …………………………………… 16
  - 1.7.3 長さの変化する回転ベクトル ………………………………… 17

第2章 平面リンク機構と運動解析　19
- 2.1 平面4節リンク機構 …………………………………………………… 19
  - 2.1.1 4節回転リンク機構 …………………………………………… 19
  - 2.1.2 スライダクランク機構 ………………………………………… 22
  - 2.1.3 両スライダ機構 ………………………………………………… 24
- 2.2 平面リンク機構の運動解析 …………………………………………… 28
  - 2.2.1 2次元での点やベクトルの表示方法 ………………………… 28
  - 2.2.2 速度，加速度 …………………………………………………… 30
  - 2.2.3 座標変換 ………………………………………………………… 31
- 2.3 解析例 …………………………………………………………………… 35

第3章　空間運動機構と運動解析　45

- 3.1　空間運動機構の運動解析　45
  - 3.1.1　3次元での点やベクトルの表示方法　45
  - 3.1.2　座標変換　50
- 3.2　ロボットアームと運動解析　55
- 3.3　球面4節リンク機構　57
- 3.4　ジャイロ効果　59

第4章　カム機構　63

- 4.1　カム機構とは　63
- 4.2　カム機構の種類　64
  - 4.2.1　平面カム　64
  - 4.2.2　立体カム　65
  - 4.2.3　確動カム　66
- 4.3　カム線図　67
  - 4.3.1　従動節が等速運動をする場合のカム線図　68
  - 4.3.2　従動節が等加速度運動をする場合のカム線図　68
  - 4.3.3　板カムの輪郭曲線の描き方　69
- 4.4　カムと従動節の運動の関係　70
  - 4.4.1　カムの回転運動を従動節の直線往復運動に変換する場合　70
  - 4.4.2　カムの回転運動を従動節の揺動運動に変換する場合　71
- 4.5　カム形状とカムに作用する力　72
  - 4.5.1　圧力角とカムの回転条件　72
  - 4.5.2　カムの浮き上がり　74

第5章　歯車機構　77

- 5.1　歯車機構の基本　77
- 5.2　歯車の種類　80
- 5.3　歯形曲線　83
  - 5.3.1　インボリュート歯車　83
  - 5.3.2　インボリュート歯車に作用する力　84
  - 5.3.3　サイクロイド歯車　85
- 5.4　かみ合い率　87
- 5.5　すべり率　88

5.6	歯形の干渉	89
5.7	歯車の歯に加わる力	90
	5.7.1 はすば歯車	90
	5.7.2 ウォームギア	91
5.8	歯車列	93
	5.8.1 中心固定の歯車列	93
	5.8.2 中心移動の歯車列	94
	5.8.3 差動歯車列	95
	5.8.4 変速歯車装置	96

第6章 摩擦伝動機構　99

6.1	摩擦伝動機構に関する基礎的事項	99
	6.1.1 摩擦力に関する基礎的事項	99
	6.1.2 ころがり接触の条件	100
	6.1.3 輪郭曲線の求め方	101
6.2	摩擦伝動機構の角速度比	103
	6.2.1 角速度比一定の機構	103
	6.2.2 角速度比が回転中に変化する場合	107
6.3	摩擦伝動機構の選定	109
	6.3.1 溝付き摩擦伝動機構	109
	6.3.2 無段変速機構	110

第7章 巻きかけ伝動機構　113

7.1	巻きかけ伝動機構とは	113
7.2	ベルト伝動機構	114
	7.2.1 ベルトの回転速度比	114
	7.2.2 ベルトの長さ	114
	7.2.3 ベルトの張力	116
	7.2.4 Vベルトの張力	118
	7.2.5 ベルト伝動機構の種類	119
7.3	ロープ伝動機構	119
7.4	チェーン伝動機構	120
	7.4.1 ローラチェーン	120
	7.4.2 スプロケットと伝動速度比	120

7.4.3　サイレントチェーン …………………………………………………… 122

第8章　機構の運動解析　125

8.1　運動の記述 …………………………………………………………………… 125
8.2　ラグランジュ方程式による求め方 ………………………………………… 125
8.3　混合微分代数方程式 (DAE) による求め方 ……………………………… 127

演習問題解答例 …………………………………………………………………… 131
参考文献 …………………………………………………………………………… 171
索　引 ……………………………………………………………………………… 173

1 機構学に関する基礎的事項

　機構学は，機械を構成する物体間の相対的な運動について解析を行い，目的に最も適した機械を設計するために必要な学問といえる．本章では，機構学を学ぶ上で必要な基礎的な事項について，簡明に示している．具体的には，機械，機構などの用語の定義，自由度の考え方等について述べ，その後，機構学の理論に必要な数学的な基礎について示す．

1.1 機械とは

　我々は，日常生活で**機械**という言葉をしばしば使っている．機械にも，自動車・船，航空機などの輸送機械を始めとし，工場で使われる生産機械，タービンなどの発電機械，家庭用の機械など，多種多様なものがある．表1.1には，各種機械の例を示す．しかしながら，この表に示す機械の中には，正確には機械と呼べないものが含まれている．機構学の創始者である**フランツ・ルロー(Franz Reuleaux)** は，機械の定義を次のようにしている．

1. 複数の物体の組み合わせである
2. その物体間の相対運動が可能である
3. その物体は伝えられる力に耐えられる強度をもつ
4. 与えられたエネルギーをある変換をして有用な仕事をする

　すなわち，機械とは，抵抗力（強度といい換えられる）をもつ物体の組み合わせであって，各物体は限定された相対運動をし，しかもある仕事をするものでなければならない．この観点で，表1.1を見ると，配管，液体タンクなどは複数の部材から構成されているが，相対的な運動をするものではないので**装置 (apparatus)** であり，金づちなどは，**工具 (tool)** である．また，時計や計測

器などは精密機械と呼ばれ，内部に複数の物体の組み合わせを有するが，仕事をするのが目的ではないため機械ではなく，**器具 (instrument)** と呼ばれる．ただし，最近では電気・電子技術と機械が融合した製品が非常に多く，単純な機械の定義が当てはまらなくなってきている．電気自動車はその一例である．従来の自動車は，ピストンやクランクを内蔵したエンジンを搭載しており機械の代表的な製品であったが，電気自動車ではこれらの物体が不要でありモータに置き換わっている．

表 1.1　各種機械の例

区分	名称
家電製品	掃除機，洗濯機，エアコン，CD, DVD, PC 他
輸送機械	航空機，ロケット，船舶，自動車，バイク，PMV，コンベア，クレーン他
重電機械	配電盤，電子機器ラック，人工衛星，ロボット，宇宙ステーション，加速器，レーザ他
製造機械	食品機械，工作機械，鍛造機械，鋳造機械，溶接機械，塗装機械，農耕機械，輪転機，製紙機他
鉄鋼・建設機械	ブルドーザ，シールドマシン，杭打ち機械，天体望遠鏡他
振動試験機	振動台，電磁加振器，センサー，記録器他
遊戯施設	ローラーコースター他
福祉機器	昇降機，車椅子，パワースーツ他
プラント機器	ポンプ，バルブ，熱交換器，冷却器，ファン，タービン，発電機，風力発電機，ダンパ，燃料電池，配管，石油タンク，水タンク，ガスタンク他

1.2　機構と機構学

　機構 (mechanism) とは，機械を構成する物体を組み合わせたものであり，その各機構に関する理論的な考え方が**機構学**である．図 1.1 は，我々がよく知る「からくり人形」で，17 世紀ごろから作られ始めたといわれているが，内部には歯車やカムなどが巧みに組み合わされてできた機構が内蔵されている．

　機構にも多種多様なものが存在するが，歴史的にみると古くは，紀元前 5000 年くらいまでさかのぼるようである．人類が，狩猟を主とする生活から農業を主とする生活に変化したとき，すき，くわなどの農具を用いるようになり，石臼で穀物を挽いて粉にし，粉を蓄える陶器をもつようになった．このころ，メソポタミアで車輪が発明され，紀元前 3000 年ごろには，荷車が発明されたといわれている．これは画期的な機械（あるいは機構）であろう．それまでは，重いものはその下にころを敷いて運んでいたが，それに代わるものであり，人間の力では到底運べないような重たい物を少ない人力で速く遠くまで運ぶことができるようになったわけである．荷車を詳細に見ると，車輪と軸から成り，何らかの軸受のような部分もあったかもしれない．この車輪と軸は組み合わさ

図 1.1 からくり人形（「大人の科学　大江戸からくり人形」（学習研究社）より引用）

れ相対的な運動をしており，機構を構成する要素といえる．その後，この仕組みは古代の戦車にも応用されている．紀元前 1500 年ごろには，滑車を使った巻き上げ機が発明されており，紀元前 500 年ごろには，機織り機やはさみが発明されている．これらは，リンク機構を用いた機械といえる．紀元 100 年ごろには，オルガン，ポンプ，歯車とピニオンが，紀元 200 年ごろには風車が，紀元 700 年ごろには水車が発明されている．1300 年ごろになると，機械式の時計が発明され，1600 年代になると旋盤のような工作機械が発明されている．これらの機械は，かなり複雑な機構を有しており，多くの要素から構成されている．現代では，これらの機械は飛躍的な発達を遂げて，車，電車，航空機，船，タービン，各種生産機械などの非常に高度でかつ複雑な機構を有する機械として，日常生活や生産活動において大きな役割を担っている．

　機構の設計者が新しい機械を設計する場合，種々のことを考えなければならない．まず，目標とする必要な仕事とはどういうものか，すなわち，必要な性能は何かを考える必要がある．次に，その性能を発揮するために，どのような機構を用いてそれらをどう組み合わせればよいかを考える．さらに，仕事をするに耐えるだけの強度をもたせるために，材料を選定し寸法を決定する．製品によっては，外観も制約条件として考慮する必要がある．あるいは，最近ではリサイクルの容易さなども設計要件として組み入れる場合がある．性能を発揮するために採用する機構の種類と組み合わせについて検討する学問分野が機構学であり，材料の選択や振動強度の設計は材料力学あるいは機械力学による部分である．

1.3 機素と対偶

機械を構成する個々の物体を，機構学では**機素** (machine element) という．また，2つの機素が組み合わさって相対的な運動をする場合，互いに**対偶** (pair) を成しているという．1.2節で述べた機構とは，機素の組み合わさったものといえる．

ここでは，わかりやすくするために，図1.2に示すようなエンジンのピストンとクランク機構を例にとろう．この図において，機素とは，ピストン，連接棒，クランク，ピストンシリンダである．自動車では，ピストンを燃料の燃焼による圧力によって運動させ，その往復運動を連接棒によってクランクに伝え，クランクの回転運動に変える．さらに，クランク軸の回転を歯車等の減速機により適切な回転数に変換し，タイヤを回転させる．この場合，ピストンと連接棒とは相対的に回転をしており，1対の対偶である．また，連接棒とクランクも相対的に回転をしており1対の対偶である．さらに，クランクとピストンシリンダも相対的に回転をしているので1対の対偶である．また，ピストンとピストンシリンダは，回転ではないが相対的にすべり運動（回転運動に対して，並進運動と称する）をしているためやはり一対の対偶である．

上では，連接棒やクランクなどの**節**（link，リンクともいう）を示しているが，機素にはそれ以外にも，歯車やねじなど種々のものがあり，対偶にも種々のものがある．

図1.3に，対偶の相対的な動きの拘束の多さによって分類したものを示す．機素同士が点で接触する場合を**点対偶**，線で接触する場合を**線対偶**と呼び，これらは相対的な動きに対する拘束が少ないため動きの自由度が大きいことから，**高次対偶** (higher pair) と呼ばれる．具体的には，点対偶の場合は，平面上の球は x 軸，y 軸の並進2方向と，x, y, z 軸まわりの回転の3方向，つまり合計5方向に動くことができる．すなわち，点対偶は5つの自由度をもつといえる．また，線対偶は，x 軸，y 軸の並進2方向と y, z 軸まわりの回転2方向の合計4方向に動くことが可能であり，4つの自由度を有する．一方，面で接触する場合は，拘束が多く自由度が少ないため，**低次対偶** (lower pair) と呼ばれる．具体的には，x 軸，y 軸の並進2方向と z 軸まわりの回転1方向の合計3方向にのみ動くことが可能であり，3つの自由度をもつといえる．

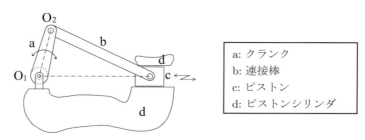

図1.2 エンジン・ピストンの概念

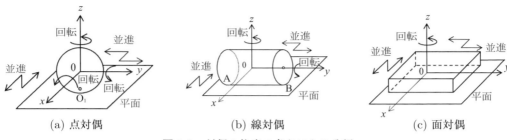

(a) 点対偶   (b) 線対偶   (c) 面対偶

図1.3 対偶の拘束の多さによる分類

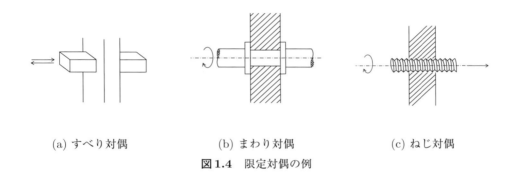

(a) すべり対偶   (b) まわり対偶   (c) ねじ対偶

図1.4 限定対偶の例

これらの対偶をある一定の運動しかできないように拘束した場合は**限定対偶 (closed pair)** または**拘束対偶**と呼ばれ，次の3種類に分類されている．図1.4に示すように，1方向にしか動けないため，自由度は1つである．

(a) **すべり対偶 (sliding pair)** （図(a)）
   軸線方向のみに運動する．
(b) **まわり対偶 (turning pair)** （図(b)）
   軸線のまわりに回転だけをする．
(c) **ねじ対偶 (screw pair)** （図(c)）
   回転をしながら一定の割合で軸線の方向に進む．

また，図1.5のように，複合化された場合もある．図1.5(a)は**多機素節**であり，たとえば2機素節では，両端にそれぞれ1つの機素を連結することができるため，合計2つの機素を連結することができる．図1.5(b)は**多節対偶**であり，たとえば2節対偶では，2つの節が組み合わさったものであるが，3節対偶では3つの節が組み合わさってできている．

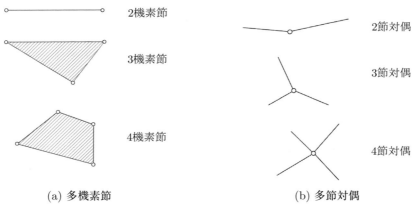

figure 1.5 多機素節と多節対偶の例

1.4 リンクと連鎖

　機素が互いに対偶をなして次々とつながっていき，最後の機素が最初の機素と対偶をなした場合，環状につながっている，あるいは閉回路を構成していると見ることができる．この環状につながったものを **連鎖 (chain)** といい，構成する1つ1つの機素が **リンク (link)** または節である．連鎖はこのように環状をなしているから，図1.5(a) のように1つのリンクは必ず2つ以上の対偶をもたなければならない．この図に示す2機素節を，**単節** ともいい，3機素節以上を **複節** ともいう．図1.6 に，連鎖の例を示す．図1.6(a) は，4つの単節でできている連鎖であり，図1.6(b) は4つの単節と2つの複節でできている連鎖である．

　また，逆に対偶の側から見た場合の分類が図1.5(b) に示したものである．ここで注意しないといけないのは，多節対偶である．たとえば，3節対偶の場合，実際の構造としては図1.7(b) のようなものが考えられる．これは，上2つの節の一端にそれぞれ円孔をあけ，一番下の節の一端に立てたピンを孔に差し込んで結合させたものである．これを平面的に見たものが図1.7(a) に示すものであるが，後に連鎖全体の自由度を求める場合には，リンクaを図1.7(c) に示すような複節として取り扱う必要がある．つまり，多節対偶は，複節を用いて置き直す必要がある．

　連鎖には種々のものがあり，図1.8 に例を示す．この中で，図1.8(a) に示すものは，節の間の相対運動がまったくできないものの例であり，このようなものを **固定連鎖 (locked chain)** という．図1.8(b) は，リンクbの右端にエンジンのピストンのような機素を取り付けたものである．この場合，点Cは機素d上を滑ることができるので，各機素は相対運動が可能となっている．詳細に見ると，リンクbと機素cは，回転運動が可能な対偶をなし，また，機素cと機素dは滑り運動が可能な対偶をなしている．リンクdを固定した場合，リンクaの回転に応じてリンクbと機素cは一通りの運動しか起こさない．

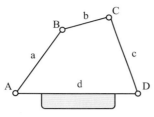
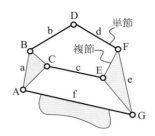

(a) 4つの単節からなる連鎖　　(b) 単節と複節からなる連鎖

図1.6　連鎖の例

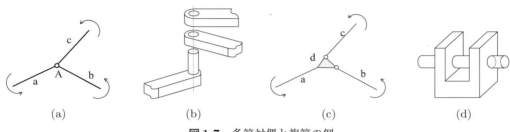

図1.7　多節対偶と複節の例

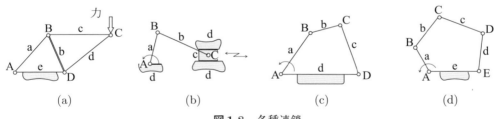

図1.8　各種連鎖

　図1.8(c)は，4つのリンクで構成される場合であるが，この場合も，リンクdを固定した場合にはリンクaの回転に応じて他のリンクは一通りの運動しか起こさない．このような連鎖を**限定連鎖 (constrained chain)** または**拘束連鎖**と呼び，機構学で最もよく用いられる連鎖である．さらに，図1.8(d)に示すものは，5つのリンクで構成されており，リンクeを固定した場合にも，他のリンクは1つの運動に限定されない．このような連鎖を**不限定連鎖 (unconstrained chain)** という．

1.5 連鎖の自由度

ある機構を考えたとき，1つの節を**原動節** (driver) として動かした場合（入力として動かした場合），他の節の動きは**従動節** (follower) として決まった動き（出力としての動き）をすることが必要である．このように，一般に，機構は限定連鎖であることが必要である．したがって，機構の設計をする場合，連鎖あるいは機構の**自由度** (degree of freedom) がいくらであるかの検討が重要となる．

1.5.1 対偶の自由度

対偶は機素同士をつないでいるため，機素の動きを制限あるいは拘束しているといえる．機構全体の自由度を考える場合，後述するように対偶によって拘束される自由度を求める必要がある．

1.3 節で示した対偶のうち，平面内でのみ運動する機構を仮定すると，すべり対偶およびまわり対偶とも1方向のみの運動が許容されており，2方向が拘束されている．したがって，自由度は1である．一方，カムのように，節と円板が点接触しているようないわゆる点対偶の場合は，接触点におけるすべりと接触点まわりの回転が許容されており，自由度は2であり拘束されている自由度は1である．

図 1.7 に示すような多節対偶の場合は注意が必要である．たとえば，3節対偶を例にとると，節 a と節 b とで自由度1の1つの対偶を構成し，同様に，節 a と節 c とで自由度1の対偶を構成している．このように，平面的な図では3つの節が1つのピンで連結されているが，紙面直角方向に3つの節が高さを変えて重なり合っていると考えると，自由度は2あることになる．多節対偶では，必ず複節に置き直して考える必要がある．

1.5.2 平面機構の自由度

最初に，連鎖の動きがわかりやすい平面内で運動する機構で考えよう．図 1.9 に，空中に浮かんだある1つの節の動きを示す．この節の動きを決定するためには，点 A の x, y 座標と点 A における紙面直角方向の軸まわりの回転角 θ を決定する必要がある．すなわち，平面内で空中に浮かんだ節の動きは，3つの物理量によって決定することができる．この場合，この節の自由度は3であるという．

次に，連鎖の自由度がどうなるかを，図 1.8(c) に示す4つのリンクからなる連鎖を例に考えてみる．このとき，上述のように，4つの節がお互いにバラバラであるとすると，全体の自由度 F は

$$F = 3 \times 4 = 12 \tag{1.1}$$

となり，12 の自由度をもつことになる．しかし，通常，機構の自由度を求める場合，ある特定の機

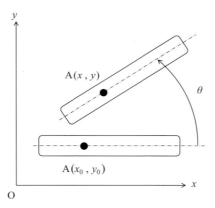

図 1.9 空中に浮かんだ機素の運動

素を固定して考える．そこで，仮に節 d を固定して考えると，動きうる全体の自由度は

$$F = 3 \times (4-1) = 9 \tag{1.2}$$

である．

　一方，実際には節はお互いに結合されているため，動きが拘束され自由度は少なくなっている．たとえば，リンク a とリンク b とは 1 組の対偶をなし，相対的に回転運動のみが可能ないわゆるまわり対偶であるから，この対偶においては，並進 2 方向の自由度は拘束されて回転の 1 自由度しかもたないことになる．他の 3 つの対偶においても同様であり，それぞれ 1 つの自由度しかもたず 2 つの自由度が拘束されている．

　機構全体の自由度を求めるには，動きうる最大の自由度から拘束されている自由度を差し引けばよい．したがって，求める自由度は以下の式となる．

$$F = 3 \times (4-1) - 2 \times 4 = 9 - 8 = 1 \tag{1.3}$$

　このように考えると，複雑な機構についてもその全体の自由度を求めることができる．今，節の数を N とすると，動きうる最大の自由度は

$$3 \times (N-1) \tag{1.4}$$

である．

　次に，拘束されている自由度であるが，まわり対偶やすべり対偶では自由度は 1 であり，2 方向の動きが拘束されているので，このような自由度 1 の対偶の数を n_1 とすると，拘束されている自由度は

$$2 \times n_1 \tag{1.5}$$

である．

対偶には，前述の点対偶のように，回転と滑りの両方を許容するものもあり，この場合の自由度は2で拘束される自由度は1である．このような自由度が2で拘束される自由度が1の対偶の数を n_2 とすると，拘束されている自由度は

$$1 \times n_2 \tag{1.6}$$

となる．

したがって，求める全体の自由度は以下の式によって得ることができる．

$$F = 3 \times (N-1) - 2 \times n_1 - 1 \times n_2 \tag{1.7}$$

あるいは

$$F = 3 \times (N-1) - \sum (3-i) \times n_i \quad (i=1,2) \tag{1.8}$$

として求めることができる．

1.5.3 立体機構の自由度

1.5.2 で示した考え方を立体機構にも同様に適用することができる．

3次元空間に浮かぶ節を考えると，その節の動きを表す場合は，並進3方向とそれらの軸まわりの回転3方向の合計6方向の動きを決める必要がある．すなわち，6つの自由度をもつといえる．また，対偶の自由度については，5自由度のものから1自由度のものまで想定することができる．

したがって，機構全体の自由度は，節の数を N とし，自由度1～自由度5の対偶の数をそれぞれ $n_1 \sim n_5$ とすると，平面機構の場合と同様に考えて

$$F = 6 \times (N-1) - 5 \times n_1 - 4 \times n_2 - 3 \times n_3 - 2 \times n_4 - 1 \times n_5 \tag{1.9}$$

として求めることができる．あるいは

$$F = 6 \times (N-1) - \sum (6-i) \times n_i \quad (i=1 \sim 5) \tag{1.10}$$

として求めることができる．

[例題 1.1]

(1) 平面機構の自由度を求めるための公式を示せ．
(2) 図 1.10 に示す平面機構の自由度を求めよ．

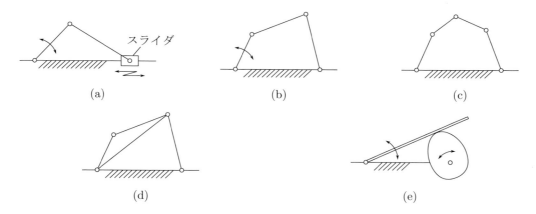

図 1.10 例題 1.1 の平面機構

(解)

(1) 本文の式 (1.8) より，機素の数を N，自由度 i の対偶の数を n_i とすると

$$F = 3(N-1) - \sum(3-i)n_i \quad (i=1, 2, \cdots)$$

(2) (a) 図 1.11(a) のように，スライダを 1 つの機素と見なす場合と，図 1.11(b) のように，スライダは機素と見なさずにすべりと回転の 2 つの自由度をもつ場合とで解答のし方が異なる．

スライダを 1 つの機素と見なす場合

機素の数 $N = 4$

自由度 1 の対偶の数 $n_1 = 4$ (ab 間，bc 間，da 間：回転　cd 間：すべり)

自由度 2 の対偶の数 $n_2 = 0$

したがって，求める自由度は

$$F = 3(4-1) - (2 \times 4 + 1 \times 0) = 9 - 8 = 1 \tag{1.11}$$

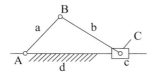
(a) スライダを 1 つの機素と見なす場合

(b) スライダを機素と見なさない場合

図 1.11 例題 1.1(a) の平面機構

スライダを機素と見なさない場合

機素の数 $N = 3$

自由度 1 の対偶の数 $n_1 = 2$ （ab 間，ad 間）

自由度 2 の対偶の数 $n_2 = 1$ （bd 間）

したがって，求める自由度は

$$F = 3(3-1) - (2 \times 2 + 1 \times 1) = 6 - 5 = 1 \tag{1.12}$$

(b) 機素の数 $N = 4$

自由度 1 の対偶の数 $n_1 = 4$

自由度 2 の対偶の数 $n_2 = 0$

したがって，求める自由度は

$$F = 3(4-1) - (2 \times 4 - 1 \times 0) = 9 - 8 = 1 \tag{1.13}$$

(c) 機素の数 $N = 5$

自由度 1 の対偶の数 $n_1 = 5$

自由度 2 の対偶の数 $n_2 = 0$

したがって，求める自由度は

$$F = 3(5-1) - (2 \times 5 - 1 \times 0) = 12 - 10 = 2 \tag{1.14}$$

(d) この場合は，△ABC は閉じたリンクであり，変形のしようがないため，1 つの剛棒と見なすことができる．すると，△ACD も閉じたリンクであるので，これ以上変形のしようがない．したがって，この場合の自由度は 0 である．これを，公式に当てはめて求めると，以下のようになる．

機素の数 $N = 5$

自由度 1 の対偶の数 $n_1 = 6$ （このとき注意しなくてはならないのは，点 A と点 C であり，図 1.7 に示す多節対偶として考える必要がある．）

自由度 2 の対偶の数 $n_2 = 0$

したがって，求める自由度は

$$F = 3(5-1) - (2 \times 6 - 1 \times 0) = 12 - 12 = 0 \tag{1.15}$$

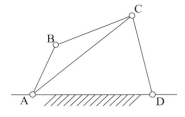

図 1.12　例題 1.1(d) の平面機構

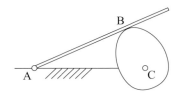

図 1.13　例題 1.1(e) の平面機構

(e) これは，カムに接した棒であるが，このとき注意しなくてはならないのは点 B の自由度である．点 B では，棒には回転とすべりの両方が生じている．したがって，点 B の自由度は 2 と数えなければならない．

機素の数 $N = 3$　（棒とカムと床）

自由度 1 の対偶の数 $n_1 = 2$　（点 A と点 C）

自由度 2 の対偶の数 $n_2 = 1$　（点 B）

したがって，求める自由度は

$$F = 3(3-1) - (2 \times 2 + 1 \times 1) = 6 - 5 = 1 \tag{1.16}$$

1.6　平面機構の瞬間中心

機構学では，各機素を剛体と見なして取り扱う．これらの機素の動きは，座標軸に平行に動く運動（つまり，並進運動）と，座標軸まわりの回転運動との組み合わせから成ると考えられる．

たとえば，図 1.14 のような剛体の運動を考える．最初剛体は I の位置にあり移動して II の位置にきたとする．I から II への移動は，まず I の位置で点 A を中心にして反時計まわりに II の剛体と平行になる位置 II′ まで回転し，その後 II の位置に平行移動したと考えることができる．すなわち，回転運動と並進運動の合成で説明することができる．

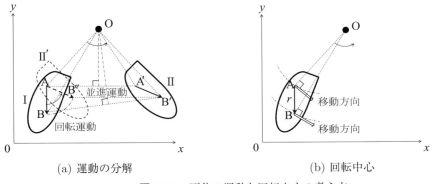

(a) 運動の分解　　　　　　　　　　　(b) 回転中心

図 1.14　剛体の運動と回転中心の考え方

しかし，このⅠからⅡへの移動は，点Oを中心とした1回の回転でも可能である．このとき，点Oは，線分AA′上の中点を通るAA′の垂線と，線分BB′上の中点を通るBB′の垂線との交点である．今，移動量が微小であれば，点Oは剛体がⅠの位置にあるときの回転の中心と考えることができる．そこで，点Oを**瞬間中心** (instantaneous center) と呼ぶ．このように考えると，機素の運動を回転運動のみで表すことが可能となり，便利がよい．機素中のすべての点はすべての瞬間において瞬間中心を中心として回転運動をするので，瞬間中心は，上述の例のように機素中の任意の2点の移動方向に直角に引いた直線の交点として求めることができる．すなわち，Ⅰの状態で考えると，図1.14(b)に示すように，回転方向の垂線AO，BOの交点Oが瞬間中心となる．

以上では1つの剛な機素の回転中心を考えたが，次に，連鎖を構成する節の相対運動の瞬間中心について考えよう．

ここでは，図1.15に示すように，4つの節がすべて回り対偶によって連結された連鎖を例として考える．なお，ここでは，節dは固定されて動かないものとする．

瞬間中心とは，図1.14で考えたように，2つの機素のある瞬間における相対的回転運動の中心であるといえる．たとえば，節aと節bとは，まわり対偶Bを中心として常に回転しているから，節aから見た節bの回転中心は点Bであり，逆に節bから見た節aの瞬間中心も同じく点Bである．同様に考えると，点A，C，Dもそれぞれ，節aと節d，節bと節c，節cと節dの瞬間中心である．これらの瞬間中心は節の位置が変化しても常にまわり対偶A〜Dの位置にあるので，これらを**永久中心**と呼ぶ．また，今の場合節dは固定されているので，瞬間中心A，Dは静止座標上での位置も変わらない．このような瞬間中心を**固定中心** (fixed center) という．

上述の瞬間中心はお互いに対偶で連結された節の瞬間中心であるが，隣接していない節間の相対的瞬間中心も考えられる．例として，節bと節dの間の瞬間中心について考えよう．これは図1.14(b)を参考にすると簡単に求まる．図1.14(b)において，瞬間中心は，節上の2点におけるある瞬時の移動方向の垂線の交点である．節dに対する節bの相対的な動きを考えるには，点Bと点C

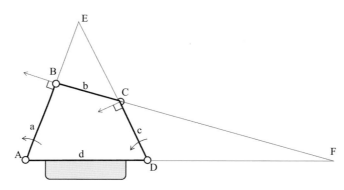

図1.15　4節回転連鎖の瞬間中心

の動きを考えればよい．これらの2点は点Aと点Dをそれぞれ中心にして回転しているから，瞬時の動く方向は点B，点Cの矢印の方向である．これらの矢印の垂線の交点Eが，この場合の求める瞬間中心である．同様に，節aと節cの間の相対的な瞬間中心は，節aまたは節cのいずれかを固定した節として考えると，点Fが瞬間中心であることがわかる．

多数の節がある場合には瞬間中心の数も多くなる．たとえば，節の数がNであるときは，節a_1を基準して$N-1$個，節a_2を基準にして$N-2$個，節a_iを基準にして$N-i$個の瞬間中心が存在するので，全体としては

$$M_c = (N-1) + (N-2) + \cdots + (N-i) + 2 + 1$$
$$= \frac{N(N-1)}{2} \tag{1.17}$$

個の瞬間中心があることになる．

次に，図1.15をよく見ると，相対的な運動をする3つの節間の瞬間中心は，同一直線状にあることがわかる．たとえば，節a，節b，節cの場合には，それらの瞬間中心は，点B，点C，点Fであり，一直線上にある．また，節a，節b，節dの場合は，点A，点B，点Eが一直線上にある．このように，「互いに**相対運動をする3つの節間の瞬間中心は一直線上にある**」という規則性があることがわかっている．これを**3瞬間中心の定理**または**ケネディの定理**と呼ぶ．この定理を使うと瞬間中心が比較的簡単に求められる．なお，この定理の証明は容易に行うことができるが，ここでは省略するので別の書を参照されたい．

1.7 機構の解析に必要な数学的基礎

第2章以降では機構の解析について述べるが，ここでは，その解析において最もよく使われる数学的な基礎，特に回転ベクトルについて基礎的な考え方を示す．

機構の解析では，図1.15のようなリンク機構の運動を解析することが非常に多い．たとえば，節cが回転するときの，点Bの運動（位置など）や節aの回転角度を求める必要が出てくる．その場合，各節はしばしばベクトルで表される．位置関係を特定する場合は，ベクトルの頂点の変位がわかればよい．しかし，場合によっては，速度や加速度を求める必要がある．

1.7.1 回転ベクトルと調和振動

今，図1.16のように，長さrが一定で，反時計まわりに回るベクトル$\boldsymbol{R}$を考える．ベクトルの初期位相をϕとし，回転角速度をω，時間をtとすると，ベクトルの先端Pのx, y座標は以下の式で表される．

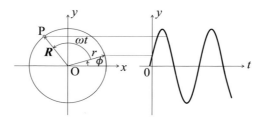

図 1.16 回転するベクトル

$$\begin{cases} x = r\cos(\omega t + \phi) \\ y = r\sin(\omega t + \phi) \end{cases} \tag{1.18}$$

図 1.16 には，変位 y の時間的変化も示している．変位 x を時間で微分すると，速度が求まり，さらにもう一度微分すると，加速度が求まり，それらは以下のようになる．

$$\begin{cases} \dot{x} = \dfrac{dx}{dt} = -r\omega\sin(\omega t + \phi) = r\omega\cos\left(\omega t + \phi + \dfrac{\pi}{2}\right) \\ \ddot{x} = -r\omega^2\cos(\omega t + \phi) = r\omega^2\cos(\omega t + \phi + \pi) \end{cases} \tag{1.19}$$

したがって，速度は変位よりも $\pi/2$ だけ位相が進んでおり，加速度は π 位相が進んでいることがわかる．

1.7.2 回転ベクトルの複素数表示

次に，回転ベクトルの複素数表示を見てみる．ベクトルの先端の点 P の座標を (x, y) とするとき，複素数で表示すると

$$z = x + iy \tag{1.20}$$

と表される．この式に，式 (1.18) を代入すると

$$\begin{aligned} z = x + iy &= r\cos(\omega t + \phi) + ir\sin(\omega t + \phi) \\ &= r\{\cos(\omega t + \phi) + i\sin(\omega t + \phi)\} \end{aligned} \tag{1.21}$$

となる．ここで，**オイラーの公式 (Euler's equation)** によれば

$$e^{i\theta} = \cos\theta + i\sin\theta \tag{1.22}$$

であるから，式 (1.21) は以下のように表すことができる．

$$z = r\{\cos(\omega t + \phi) + i\sin(\omega t + \phi)\} = re^{i(\omega t + \phi)} \tag{1.23}$$

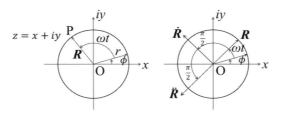

図 1.17 回転ベクトルの複素数表示

このとき，速度，加速度は以下のようになる．

$$\begin{cases} \dot{z} = \dfrac{dz}{dt} = ri\omega e^{i(\omega t+\phi)} = i\omega z \\ \ddot{z} = \dfrac{d\dot{z}}{dt} = -r\omega^2 e^{i(\omega t+\phi)} = -\omega^2 z \end{cases} \quad (1.24)$$

オイラーの公式において，$\theta = \pi/2$ を代入すると，$e^{i\pi/2} = i$ となることがわかる．このことと式 (1.24) から，速度は変位よりも $\pi/2$ 位相が進み，加速度はさらに $\pi/2$ 位相が進んでいることが理解できる．

1.7.3 長さの変化する回転ベクトル

これまでは，ベクトルの長さは時間的に変わらないものとして説明をしてきたが，ここでは長さも時間的に変化する場合について，速度，加速度の変化を検討する．

式 (1.20) に代わり，ベクトルを $\boldsymbol{R}$ として表すことにする．また，$\omega t + \phi = \theta$ とすると

$$\boldsymbol{R} = re^{i(\omega t+\phi)} = re^{i\theta} \quad (1.25)$$

である．したがって，速度，加速度は次式となる．

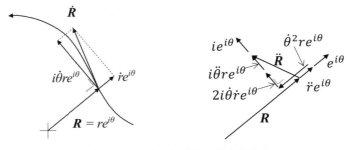

図 1.18 速度，加速度の成分と方向

$$\begin{cases} \dot{\boldsymbol{R}} = \dfrac{d\boldsymbol{R}}{dt} = \dfrac{dre^{i\theta}}{dt} = \dot{r}e^{i\theta} + i\dot{\theta}re^{i\theta} \\ \ddot{\boldsymbol{R}} = \dfrac{d\dot{\boldsymbol{R}}}{dt} = \ddot{r}e^{i\theta} + i\dot{\theta}\dot{r}e^{i\theta} + i\ddot{\theta}re^{i\theta} + i\dot{\theta}(\dot{r}e^{i\theta} + i\dot{\theta}re^{i\theta}) \\ \quad = \ddot{r}e^{i\theta} - (\dot{\theta})^2 re^{i\theta} + 2i\dot{\theta}\dot{r}e^{i\theta} + i\ddot{\theta}re^{i\theta} \end{cases} \quad (1.26)$$

これらの式において，r および ω が一定とすると式 (1.24) と同様な式が得られることが容易にわかる．また，図1.18のように，第1項は元の変位ベクトル $\boldsymbol{R}$ と同じ方向を向いた加速度であり，第2項は逆方向を向いており**向心加速度**と呼ばれるものである．第3項および第4項いずれもは変位ベクトルより $\pi/2$ 位相が進んでおり，第3項を**コリオリの加速度** (Coriolis' acceleration) といい，第4項は接線方向加速度である．このように，半径および角速度が時間的に変化する場合は，これらの4つの成分の合成されたものとなることがわかる．

演習問題

1.1 図 1.19 に示す平面機構の自由度を求めよ．

1.2 図 1.20 に示す平面機構において，リンク AB が上下に動くための条件を示せ．ただし，EFG は一体の機素を成す．

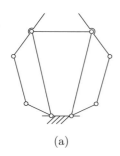
(a)

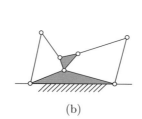
(b)

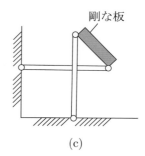
(c)

図 1.19

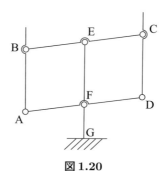

図 1.20

2 平面リンク機構と運動解析

第1章では機構学に関する基礎的事項を述べてきた．本章ではいろいろな機構の1つ目として平面リンク機構の種類や特徴を示し，さらには平面運動機構の解析の方法についても示す．

2.1 平面4節リンク機構

リンク機構 (linkage mechanism, link mechanism) は細長い棒をまわり対偶やすべり対偶でつないだ機構である．この機構を構成する各機素を**節**または**リンク** (link) と呼ぶ．これは重要な機構の1つとなっている．リンクが5つ以上のものもあるが簡単のため，主にリンクが4つである**4節リンク機構**を対象とする．

2.1.1 4節回転リンク機構

平面4節リンク機構の1つとして4つのリンクが4つのまわり対偶でつながれた**4節回転リンク機構**がある．これには固定する部分によって次の3つの種類がある．これらを図2.1に示す．

最短リンク（図2.1(a)ではAB）の隣のリンク(DA)を固定すると，図2.1(a)に示すように最短リンクは1周回転し，その対辺(CD)が揺動運動する．1周回転するリンクを**クランク** (crank) と呼び，揺動するリンクを**てこ** (lever) または**揺腕** (rocker) と呼ぶ．これらをつなぐリンクを**連接棒** (connecting rod) と呼ぶ．この機構を**てこクランク機構** (lever crank mechanism) と呼ぶ．この機構は手押しせん断機，足踏みミシン，自転車をこぐときの足の動きなどで見られる．

最短リンクを固定すると，図2.1(b)に示すように最短リンクの両隣のリンクが1周回転する**両クランク機構** (double crank mechanism) となる．この機構は定姿勢水かき板(自動車のワイパー)，送風機などで見られる．

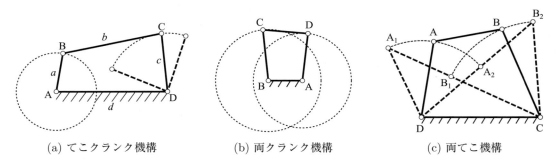

(a) てこクランク機構　　(b) 両クランク機構　　(c) 両てこ機構

図 2.1　4 節回転リンク機構の分類

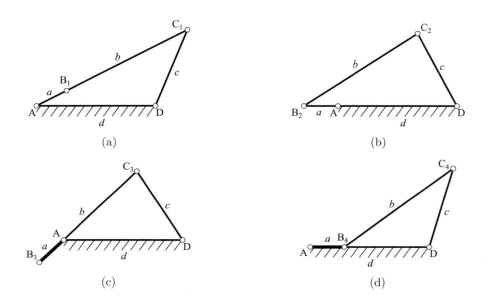

図 2.2　てこクランク機構の特殊な位置の形

最短リンクの向かい合うリンクを固定すると，図 2.1(c) に示すように最短リンクの両隣のリンクがともに揺動する**両てこ機構**(double lever mechanism) となる．この機構は扇風機の首振り装置，布の自動折り畳み機械などで見られる．

てこクランク機構で最短リンク AB が 1 周回転できる条件を考える．この機構が三角形を成すのは図 2.2 の 4 つの形状が考えられる．各形状で三角形を成すための条件 (1 辺の長さは残りの 2 辺の長さの和より短い) を考える．リンク AB，BC，CD，DA の長さをそれぞれ a, b, c, d とする．図 2.2(a) のとき，$\triangle AC_1D$ において $AC_1 < C_1D + DA$ より

$$a + b < c + d \tag{2.1}$$

が成立する．図 2.2(b) のとき，$\triangle B_2C_2D$ において $B_2D < B_2C_2 + C_2D$ より

$$a + d < b + c \tag{2.2}$$

が成立する．図 2.2(c) のとき，$\triangle AC_3D$ において $C_3D < AC_3 + AD$ より

$$c < (b - a) + d$$

すなわち

$$a + c < b + d \tag{2.3}$$

が成立する．また，$b < a + c + d$ のような関係式も得られるが，これは四角形をなす条件（1 辺の長さは残りの 3 辺の和より短い）の 1 つであり，式 (2.1) と $a > 0$ より $a + b < c + d < 2a + c + d$ となり，両端の辺から a を引くと得られる．他の式も同様に導出できる．そのため，条件としては式 (2.2)-(2.3) を考えればよい．これより，最短リンクが 1 周回転できるためには最短リンクとほかの 1 つのリンクの長さの和が残りの 2 つのリンクの長さの和より小さいことが必要である．これを**グラスホフの定理**（Grashof's theorem）という．三角形が一直線上になる極限の場合まで考慮すると等号が入る場合もある．

図 2.2(a) の形状の瞬間を考える．リンク C_1D を原動節にする場合，この状態でどんなに原動節 CD に力を加えても，かかる力は AC_1 の方向であるため回転することができない．このときこの点 C_1 を**死点**（dead point）と呼ぶ．同様に図 2.2(c) の場合も点 C_3 は死点という．また，図 2.2(a)，(c) においてはリンク B_1C_1 または B_3C_3 は時計回りでも反時計まわりでも回ることができ，どちらに回転するか決定することができない．このような点 C_1，C_3 を**思案点**（change point もしくは changing point）という．ここでは死点と思案点は同じ点となっている．

一方，リンク AB を原動節にすると，このような死点は発生しない．

[例題 2.1] 図 2.1(a)，図 2.2 のてこクランク機構を考える．各リンクの長さは，$a = 10$ cm，$b = 40$ cm，$c = 25$ cm，$d = 35$ cm とする．このときグラスホフの定理を満足することを確かめよ．また，てこ CD の揺動角を求めよ．

(解) AB が最短リンクであるので

$$a + b = 10 + 40 = 50 < 60 = 25 + 35 = c + d \tag{2.4}$$

$$a + c = 10 + 25 = 35 < 75 = 40 + 35 = b + d \tag{2.5}$$

$$a + d = 10 + 35 = 45 < 65 = 40 + 25 = b + d \tag{2.6}$$

となり，グラスホフの定理を満足することがわかる．

揺動角 $\angle C_1DC_3$ は図 2.3 より $\angle C_1DA - \angle C_3DA$ で与えられる．$\triangle C_1DA$ において余弦定理より

$$\cos \angle C_1DA = \frac{25^2 + 35^2 - (40 + 10)^2}{2 \cdot 25 \cdot 35} = -0.371 \tag{2.7}$$

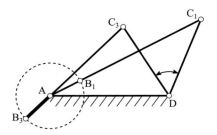

図 2.3 てこクランクのてこの揺動角

よって，$\angle C_1 DA = 111.8$ deg となる．また，$\triangle C_3 DA$ において余弦定理より

$$\cos \angle C_3 DA = \frac{25^2 + 35^2 - (40-10)^2}{2 \cdot 25 \cdot 35} = 0.543 \tag{2.8}$$

よって，$\angle C_3 DA = 57.1$ deg となる．これより揺動角は 54.7 deg となる．

2.1.2 スライダクランク機構

これは上述の 4 節回転リンク機構で 1 つの節をスライダに変えたものである．**スライダクランク機構**には固定する部分を変えることにより図 2.4 に示すように次の 4 つの機構があり，まわり対偶が 3 つ，すべり対偶が 1 つで構成されている．機素 c は**スライダ**または**すべり子** (slider) と呼ばれる．

図 2.4(a) のようにスライダの隣の節 (スライダのすべり方向リンク) を固定すると**往復スライダクランク機構** (reciprocating block slider crank mechanism) と呼ばれる．この機構は内燃機関，ポンプ，圧縮機などで見られる．

図 2.4(b) のようにスライダの反対側の節を固定すると，**回転スライダクランク機構** (revolving block slider crank mechanism) と呼ばれる．これは早戻り運動する工作機械などで見られる．

図 2.4(c) のようにスライダの隣の節 (スライダに対して回転するリンク) を固定すると**揺動スライダクランク機構** (oscillating block slider crank mechanism) と呼ばれる．これも早戻り運動する工作機械などで見られる．

図 2.4(d) のようにスライダを固定すると**固定スライダクランク機構** (fixed block slider crank mechanism) と呼ばれる．これは井戸水の汲み出し用手押しポンプなどで見られるが応用は少ない．

図 2.4(a) では節 a が原動節として，スライダ c が従動節として動く場合，回転運動を往復運動 (直線運動) に変換することができ，スライダ c が原動節として，節 a が従動節として動く場合は直線 (往復) 運動を回転運動に変換することができる．

節 a が点 A まわりを 1 周回ることができるためには AB$= a$，BC$= b$ とすると

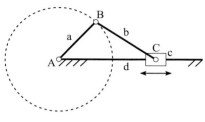
(a) 往復スライダクランク機構

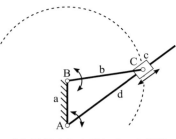
(b) 回転スライダクランク機構

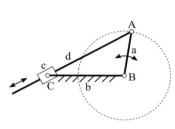
(c) 揺動スライダクランク機構

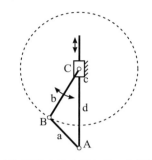
(d) 固定スライダクランク機構

図 2.4 スライダクランク機構の分類

$$a < b \tag{2.9}$$

が成立しなければならない．

次に図 2.4(c) を考える．これを改めて図 2.5 に示す．節 a が最短リンクであるとする．また，節 a は等速で反時計まわりに回るとする．このとき節 d は揺動するといえる．節 d が最も右に傾いたとき (A_1C となるとき) から点 A が上を通り (反時計まわりに動き)，節 d が最も左に傾いたとき (A_2C となるとき) までが節 d が左に動くときであり，その角度は θ_1 である．また，節 d が最も左に傾いたときから点 A が下を通り (反時計まわりに動き) 節 d が最も右に傾くまでが，節 d が右に動くときであり，その角度は θ_2 である．等速で回転するため移動にかかる時間は角度に比例する．そのため，$\theta_1 > \pi > \theta_2$ となるので右に戻る時間は左に動く時間より短くなる．そのためこの機構は**早戻り機構** (quick return motion mechanism) ともいわれる．

[例題 2.2] 図 2.5 の早戻り機構において $a = AB = 10$ cm, $b = BC = 20$ cm のとき，左に進むときと右に進むときの時間の比を求めよ．

(解) 図 2.5 より

$$\cos \angle CBA_1 = \frac{a}{b} = \frac{1}{2} \tag{2.10}$$

より，$\angle CBA_1 = 60$ deg となる．したがって $\theta_2 = 120$ deg, $\theta_1 = 360 - \theta_1 = 240$ deg とわかる．こ

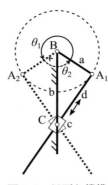

図 2.5 早戻り機構

れより，左に進むときと右に進むときの時間の比は角度比に比例するので

$$\theta_1 : \theta_2 = 2 : 1 \tag{2.11}$$

となる．左に進む時間は右に進む時間に比べ倍の時間がかかることがわかる．

2.1.3 両スライダ機構

両スライダ機構は 2 個のまわり対偶，2 個のすべり対偶からなる，スライダを 2 つ備えた機構である．これも固定の仕方により，図 2.6 に示すように 4 つの機構に分類できる．図 2.6(a) は**往復両スライダクランク機構** (reciprocating block double slider crank mechanism) と呼ばれる．図 2.6(b) は**固定両スライダクランク機構** (fixed block double slider crank mechanism) と呼ばれる．図 2.6(c) は**回転両スライダクランク機構** (revolving block double slider crank mechanism) と呼ばれる．図 2.6(d) は**交差スライダてこ機構** (crossed slider lever mechanism) と呼ばれる．図 2.6(a)-(c) は図 2.7(a) のようにすべり対偶とまわり対偶がそれぞれ隣り合った対偶の構成となり，図 2.6(d) は図 2.7(b) のようなすべり対偶とまわり対偶が交互に並ぶ対偶の構成となっている．

2.1 平面4節リンク機構　25

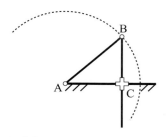

(a) 往復両スライダクランク機構

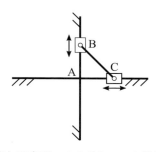

(b) 固定両スライダクランク機構

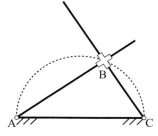

(c) 回転両スライダクランク機構

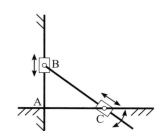

(d) 交差スライダてこ機構

図 2.6 両スライダ機構の分類

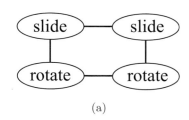

(a)

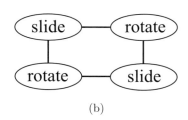

(b)

図 2.7 両スライダ機構の対偶の構成

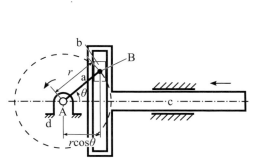

図 2.8 単弦運動機構

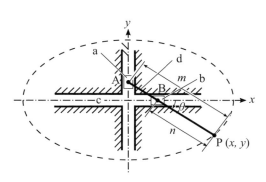

図 2.9 楕円定規機構

(1) 単弦運動機構

図 2.6(a) 往復両スライダクランク機構の応用として単弦運動を示す機構がある．図 2.8 においてクランク a が回転するとスライダ c が往復運動する．スライダ c の一番右にある所からの変位 x は，クランク a の長さを r，AB とスライダの動く方向のなす角を θ とすると

$$x = r(1 - \cos\theta) \tag{2.12}$$

とかける．$\theta = \omega t$ と一定角速度で回転すると仮定するとスライダの速度 $v = \dot{x}$ は

$$v = \dot{x} = r\sin\theta \cdot \omega = r\omega\sin\omega t \tag{2.13}$$

となる．これよりスライダが単弦運動しているのがわかる．この機構は**単弦運動機構**または**スコッチヨーク** (Scotch yoke) と呼ばれる．

(2) 楕円定規機構

図 2.6(b) 固定両スライダクランク機構の応用として**楕円定規機構** (elliptic trammel) がある．図 2.9 において固定されたリンク c の垂直に交わる 2 つの溝上で，スライダ a，スライダ b はそれぞれ上下，左右に動くものとする．AP $= m$，PB $= n$ となるように，AB の延長上に点 P(x,y) をとる．図 2.9 より

$$x = m\cos\theta \tag{2.14}$$
$$y = -n\sin\theta \tag{2.15}$$

とかける．これより θ を消去すると

$$\frac{x^2}{m^2} + \frac{y^2}{n^2} = 1 \tag{2.16}$$

となり，点 P は楕円上を動くことがわかる．

(3) オルダムの継手

図 2.6(c) 回転両スライダクランク機構の応用として図 2.10(a) のような**オルダムの継手** (Oldham's coupling) がある．入力軸 (a の軸) と出力軸 (c の軸) がずれているがどちらの軸も同じ角速度で回転することができる．図 2.10(a) の状態から，入力軸側からみて少し時計まわりに回転したあと機素 a，b，c を分けて示すと図 2.10(b) のようになる．機素 b の両面に突起がついており，機素 a，c の溝にはまるようになっている．機素 a の中心を点 A，機素 b の中心を点 B，機素 c の中心を点 C とし，この機構を入力軸側から見ると図 2.10(c) のようになる．機素 b の両面には 90 度ずれた突起がついていることから，∠ABC は常に $\pi/2$ rad (90 deg) となる．このことから $\overrightarrow{AB}$ と

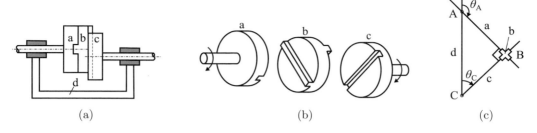

(a) (b) (c)

図 2.10 オルダムの継手

$\overrightarrow{CA}$, $\overrightarrow{CB}$ の $\overrightarrow{CA}$ のなす角をそれぞれ θ_A, θ_C とすると，△ABC が三角形を成すことから

$$(\pi - \theta_A) + \theta_C + \frac{\pi}{2} = \pi \tag{2.17}$$

すなわち

$$\theta_C = \theta_A - \pi/2 \tag{2.18}$$

となる．これより，入出力の角速度は

$$\dot{\theta}_C = \dot{\theta}_A \tag{2.19}$$

となり，入出力軸の角速度が同じになることが確認できる．

(4) ラプソンの舵取り機構

図 2.6(d) 交差スライダてこ機構の応用として**ラプソンの舵取り機構**(Rapson's rudder steering mechanism) がある．図 2.11 において，リンク a を船体，リンク d を舵とした場合である．スライダ b を P の力で引いたとき舵が受ける力を F，舵のなす角を θ とすると

$$F = \frac{P}{\cos \theta} \tag{2.20}$$

となる．スライダ b の変位は

$$x = h \tan \theta \tag{2.21}$$

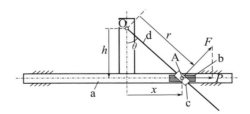

図 2.11 ラプソンの舵取り機構

とわかる．これより，微分して速度は

$$v = \frac{dx}{dt} = h\frac{1}{\cos^2\theta}\frac{d\theta}{dt} \tag{2.22}$$

となる．これより角速度ωは

$$\omega = \frac{d\theta}{dt} = \frac{v\cos^2\theta}{h} \tag{2.23}$$

と求められる．これより舵の回転モーメントは

$$M = Fr = \frac{P}{\cos\theta}\frac{h}{\cos\theta} = \frac{Ph}{\cos^2\theta} \tag{2.24}$$

と求められる．舵はθが大きくなると水の抵抗も大きくなるが，これに対するモーメントもθが大きくなるに従って大きくなるので操縦しやすい機構が得られる．

2.2 平面リンク機構の運動解析

ここでは平面リンク機構の運動解析に必要な解析方法を述べる．

2.2.1 2次元での点やベクトルの表示方法

(1) 直角座標系（デカルト座標系）

直角座標（rectangular coordinates）または**デカルト座標**（Cartesian coordinates）では点Pの座標はx, y方向成分を用いるとP(x, y)とかける．図2.12(a)に示すように点Pの位置ベクトル$\boldsymbol{r}$はx座標，y座標の値と，x軸方向単位ベクトル$\boldsymbol{i}$，y軸方向単位ベクトル$\boldsymbol{j}$を用いると

$$\boldsymbol{r} = x\boldsymbol{i} + y\boldsymbol{j} \tag{2.25}$$

のようにかける．$\boldsymbol{i}, \boldsymbol{j}$が直交することからこの座標は**直交座標**（orthogonal coordinates）である．

また，直角座標系では点Pの位置を複素数zで表すと図2.12(b)に示すように

$$z = x + iy \tag{2.26}$$

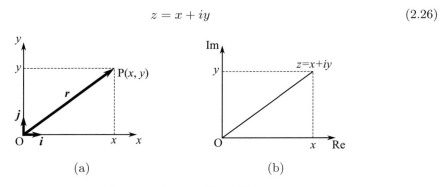

図 2.12　2次元での直角座標系

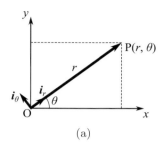
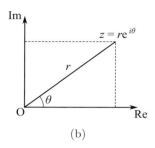

図 2.13　平面極座標系

とかける．ここで $i = \sqrt{-1}$ は虚数単位である．

(2)　平面極座標系

平面極座標 (planar polar coordinates) では，点 P の座標は OP の長さを r，OP と水平軸とのなす角を θ とすると，P(r, θ) と表せる．図 2.13(a) に示すように点 P の位置ベクトルは $\overrightarrow{OP}$ 方向の単位ベクトル $\boldsymbol{i}_r$，それを $\pi/2$ 反時計方向に回したベクトル $\boldsymbol{i}_\theta$ とすると

$$\boldsymbol{r} = r\boldsymbol{i}_r \tag{2.27}$$

のようにかける．この座標も $\boldsymbol{i}_r$ と $\boldsymbol{i}_\theta$ が直交することから直交座標となっている．

また，平面極座標系では点 P の位置を複素数 z で表すと図 2.13(b) に示すように

$$z = re^{i\theta} \tag{2.28}$$

のようにかける．式 (2.27)，(2.28) より，$e^{i\theta}$ と $\boldsymbol{i}_r$，$ie^{i\theta} \left(= e^{i(\theta+\pi/2)}\right)$ と $\boldsymbol{i}_\theta$ が対応していることがわかる．

(3)　2 つの座標系の関係

点 P が直角座標系で P(x, y)，平面極座標系で P(r, θ) で表されるとすると，図 2.14 に示すように

$$x = r\cos\theta, \quad y = r\sin\theta \tag{2.29}$$

もしくは

$$r = \sqrt{x^2 + y^2}, \quad \cos\theta = \frac{x}{\sqrt{x^2 + y^2}}, \quad \sin\theta = \frac{y}{\sqrt{x^2 + y^2}} \tag{2.30}$$

となる．また

$$x + iy = re^{i\theta} = r\cos\theta + ir\sin\theta \tag{2.31}$$

という関係式が得られる．

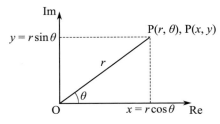

図 2.14 2つの系の対応関係

　直角座標系は後述するように，基準座標系や局所座標系を扱うには便利であり，極座標系は次項で示すように，物理的意味の把握がしやすいので適切に使い分けるとよい．

2.2.2 速度，加速度

(1) 直角座標系

直角座標系では単位ベクトル i，j は空間に固定されていることから時間変化はない．そのため，式 (2.25) より点 P の速度，加速度はそれぞれ

$$\dot{\boldsymbol{r}} = \dot{x}\boldsymbol{i} + \dot{y}\boldsymbol{j} \tag{2.32}$$

$$\ddot{\boldsymbol{r}} = \ddot{x}\boldsymbol{i} + \ddot{y}\boldsymbol{j} \tag{2.33}$$

で表される．

　P 点の位置を複素数 z で表すとき，$\boldsymbol{r}$ に対応する $z = x + iy$ から i が定数であることに注意すると，速度，加速度はそれぞれ

$$\dot{z} = \dot{x} + i\dot{y} \tag{2.34}$$

$$\ddot{z} = \ddot{x} + i\ddot{y} \tag{2.35}$$

で表される．

(2) 平面極座標系

平面極座標系では単位ベクトル $\boldsymbol{i}_r$，$\boldsymbol{i}_\theta$ は長さは変わらないが，その方向は時間とともに変化する．図 2.15 より $\boldsymbol{i}$，$\boldsymbol{j}$ と $\boldsymbol{i}_r$，$\boldsymbol{i}_\theta$ の関係は

$$\begin{cases} \boldsymbol{i}_r = \boldsymbol{i}\cos\theta + \boldsymbol{j}\sin\theta \\ \boldsymbol{i}_\theta = -\boldsymbol{i}\sin\theta + \boldsymbol{j}\cos\theta \end{cases} \tag{2.36}$$

とかける．$\boldsymbol{i}$，$\boldsymbol{j}$ は空間に固定されていることから，$\boldsymbol{i}_r$，$\boldsymbol{i}_\theta$ の時間微分は次式で与えられる．

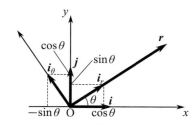

図 2.15　2 つの系の単位ベクトルの対応関係

$$\begin{cases} \dfrac{d\boldsymbol{i}_r}{dt} = -\dot{\theta}\boldsymbol{i}\sin\theta + \dot{\theta}\boldsymbol{j}\cos\theta = \dot{\theta}\boldsymbol{i}_\theta \\ \dfrac{d\boldsymbol{i}_\theta}{dt} = -\dot{\theta}\boldsymbol{i}\cos\theta - \dot{\theta}\boldsymbol{j}\sin\theta = -\dot{\theta}\boldsymbol{i}_r \end{cases} \tag{2.37}$$

したがって式 (2.27) より，点 P の速度，加速度はそれぞれ

$$\dot{\boldsymbol{r}} = \dot{r}\boldsymbol{i}_r + r\dfrac{d\boldsymbol{i}_r}{dt} = \dot{r}\boldsymbol{i}_r + r\dot{\theta}\boldsymbol{i}_\theta \tag{2.38}$$

$$\ddot{\boldsymbol{r}} = \ddot{r}\boldsymbol{i}_r + \dot{r}\dfrac{d\boldsymbol{i}_r}{dt} + \dot{r}\dot{\theta}\boldsymbol{i}_\theta + r\ddot{\theta}\boldsymbol{i}_\theta + r\dot{\theta}\dfrac{d\boldsymbol{i}_\theta}{dt} = (\ddot{r} - r\dot{\theta}^2)\boldsymbol{i}_r + (2\dot{r}\dot{\theta} + r\ddot{\theta})\boldsymbol{i}_\theta \tag{2.39}$$

とかける．ここで $\dot{\boldsymbol{r}}$ の 2 つの項はそれぞれ半径方向速度，接線方向速度である．また，$\ddot{\boldsymbol{r}}$ の 4 つの項は順にそれぞれ**半径方向加速度**，**向心加速度**，**コリオリの加速度** (Coriolis' acceleration)，**接線方向加速度**と呼ばれる (図 1.18 参照)．

点 P の位置を複素数 z で表す場合，$\boldsymbol{r}$ に対応するのは $z = re^{i\theta}$ であることから i が定数であることに注意すると，速度，加速度はそれぞれ

$$\dot{z} = \dfrac{d}{dt}\left(re^{i\theta}\right) = \dot{r}e^{i\theta} + r\dfrac{d}{dt}\left(e^{i\theta}\right) = \dot{r}e^{i\theta} + ir\dot{\theta}e^{i\theta} \tag{2.40}$$

$$\ddot{z} = \dfrac{d^2}{dt^2}\left(re^{i\theta}\right) = \ddot{r}e^{i\theta} + \dot{r}\dfrac{d}{dt}\left(e^{i\theta}\right) + ir\dot{\theta}e^{i\theta} + ir\ddot{\theta}e^{i\theta} + ir\dot{\theta}\dfrac{d}{dt}\left(e^{i\theta}\right)$$
$$= (\ddot{r} - r\dot{\theta}^2)e^{i\theta} + (2\dot{r}\dot{\theta} + r\ddot{\theta})ie^{i\theta} \tag{2.41}$$

とかける．前に $e^{i\theta}$ と $\boldsymbol{i}_r$，$ie^{i\theta}$ と $\boldsymbol{i}_\theta$ が対応していると述べたように式 (2.38) と式 (2.40)，式 (2.39) と式 (2.41) がそれぞれ対応していることがわかる．

2.2.3　座 標 変 換

基準座標系 (または**静止座標系**) と**局所座標系** (または**移動座標系**) と呼ばれる 2 つの座標系が同じ原点をもつ場合の回転による**座標変換** (coordinate transformation) について考える．

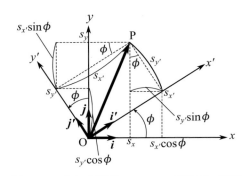

図 2.16 直角座標系での 2 つの座標系の関係

(1) 直角座標系での座標変換

図 2.16 において $\overrightarrow{OP}$ を 2 つの系で表すと基準座標系では $s_x \boldsymbol{i} + s_y \boldsymbol{j}$, 局所座標系では $s_{x'} \boldsymbol{i'} + s_{y'} \boldsymbol{j'}$ とかけ, 幾何学的には両者は一致する. 図 2.16 の幾何学的な関係から

$$\begin{cases} s_x = s_{x'} \cos \phi - s_{y'} \sin \phi \\ s_y = s_{x'} \sin \phi + s_{y'} \cos \phi \end{cases} \tag{2.42}$$

が得られる. ここで

$$\boldsymbol{s} = \{s_x, s_y\}^T, \quad \boldsymbol{s'} = \{s_{x'}, s_{y'}\}^T \tag{2.43}$$

を導入すると, ($\cdot^T$ は転置を意味する)

$$\boldsymbol{s} = A\boldsymbol{s'} \tag{2.44}$$

となることがわかる. ここで A は**平面回転座標変換マトリックス**

$$A = \begin{bmatrix} \cos \phi & -\sin \phi \\ \sin \phi & \cos \phi \end{bmatrix} \tag{2.45}$$

である.

(2) 極座標系での座標変換

図 2.17 において $se^{i\theta}$ と $se^{i\theta'}$ は幾何学的には同じく $\overrightarrow{OP}$ に対応している. オイラーの公式によると

$$z = se^{i\theta} = s \cos \theta + is \sin \theta \tag{2.46}$$

$$z' = se^{i\theta'} = s \cos \theta' + is \sin \theta' \tag{2.47}$$

とかける. $\theta = \theta' + \phi$ であることに注意すると, 図 2.17 の幾何学的な関係から

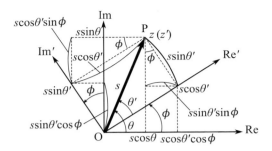

図 2.17 極座標系での2つの座標系の関係

$$\begin{cases} s\cos\theta = s\cos\theta'\cos\phi - s\sin\theta'\sin\phi \\ s\sin\theta = s\cos\theta'\sin\phi + s\sin\theta'\cos\phi \end{cases} \tag{2.48}$$

とかける．これより

$$\begin{aligned} z &= se^{i\theta} = s\cos\theta + is\sin\theta = (s\cos\theta'\cos\phi - s\sin\theta'\sin\phi) + i(s\cos\theta'\sin\phi + s\sin\theta'\cos\phi) \\ &= (\cos\phi + i\sin\phi)(s\cos\theta' + i\sin\theta') = e^{i\phi}se^{i\theta'} = e^{i\phi}z' \end{aligned} \tag{2.49}$$

となる．

式 (2.44) と式 (2.49) を比較すると，平面回転座標変換マトリックス A と複素数 $e^{i\phi}$ が対応していることがわかる．どちらの場合も，局所座標系の座標に平面回転座標変換マトリックスまたは複素数を掛けると基準座標系の座標に変換されることがわかる．

(3) 局所座標系と基準座標系の原点が一致しないとき

図 2.18 のように局所座標系と基準座標系の原点が一致しないときを考える．この場合は原点のずれの分を平行移動して考えるとよい．このとき点 P の基準座標系上のベクトル $\boldsymbol{r}_P$ は，基準座標系での $\overrightarrow{OO'}$ を $\boldsymbol{r}$，$\overrightarrow{O'P}$ を $\boldsymbol{s}_P$，局所座標系での $\overrightarrow{O'P}$ を $\boldsymbol{s}'_P$ とすると

$$\boldsymbol{r}_P = \boldsymbol{r} + \boldsymbol{s}_P = \boldsymbol{r} + A\boldsymbol{s}'_P \tag{2.50}$$

と示せる．$\boldsymbol{r}$ と $\boldsymbol{s}'_P$ は別の座標系のベクトルなので直接加減算ができない．局所座標系のベクトルに変換マトリックス A を掛けて同じ基準座標系のベクトルにしてから加減算をしないといけない．

(4) 速度と加速度

点 P は局所座標系上で固定されているとする．すなわち $\boldsymbol{s}'_P$ は O'-$x'y'$ 上で時間変化しないとする．このとき，局所座標系は基準座標系に対して移動するものとすれば，平面回転座標変換マトリックス A は時間とともに変化する．式 (2.50) より微分すると，速度は

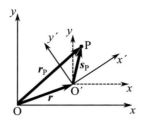

図 2.18 局所座標系と基準座標系（原点が一致しないとき）

$$\dot{\bm{r}}_P = \dot{\bm{r}} + \dot{\bm{s}}_P = \dot{\bm{r}} + \dot{A}\bm{s}'_P \tag{2.51}$$

となる．ここで

$$\dot{A} = \dot{\phi}\frac{d}{d\phi}A = \dot{\phi}\begin{bmatrix} -\sin\phi & -\cos\phi \\ \cos\phi & -\sin\phi \end{bmatrix} = \dot{\phi}\begin{bmatrix} \cos\left(\phi+\frac{\pi}{2}\right) & -\sin\left(\phi+\frac{\pi}{2}\right) \\ \sin\left(\phi+\frac{\pi}{2}\right) & \cos\left(\phi+\frac{\pi}{2}\right) \end{bmatrix}$$

$$= \dot{\phi}\begin{bmatrix} \cos\phi & -\sin\phi \\ \sin\phi & \cos\phi \end{bmatrix}\begin{bmatrix} \cos\frac{\pi}{2} & -\sin\frac{\pi}{2} \\ \sin\frac{\pi}{2} & \cos\frac{\pi}{2} \end{bmatrix} = \dot{\phi}\begin{bmatrix} \cos\phi & -\sin\phi \\ \sin\phi & \cos\phi \end{bmatrix}\begin{bmatrix} 0 & -1 \\ 1 & 0 \end{bmatrix}$$

$$= \dot{\phi}AR = \dot{\phi}RA \tag{2.52}$$

であり，さらに

$$R = \begin{bmatrix} 0 & -1 \\ 1 & 0 \end{bmatrix} = \begin{bmatrix} \cos\frac{\pi}{2} & -\sin\frac{\pi}{2} \\ \sin\frac{\pi}{2} & \cos\frac{\pi}{2} \end{bmatrix} \tag{2.53}$$

は**直交回転マトリックス**と呼ばれる．直交回転マトリックスはマトリックス A において $\phi = \pi/2$ を代入したものであり，極座標系の $e^{i\pi/2}$ に対応する．座標変換マトリックスの微分は，直交回転マトリックスと $\dot{\phi}$ を掛けることによって得られることがわかる．これより

$$\dot{\bm{r}}_P = \dot{\bm{r}} + \dot{\phi}AR\bm{s}'_P \tag{2.54}$$

となる．ここで $R\bm{s}'_P$ は $\bm{s}'_P$ を反時計回りに $\pi/2$ 回転したものと考えることもできる．

これより加速度は

$$\ddot{\bm{r}}_P = \ddot{\bm{r}} + \ddot{\phi}AR\bm{s}'_P + \dot{\phi}\dot{A}R\bm{s}'_P = \ddot{\bm{r}} + \ddot{\phi}AR\bm{s}'_P + \dot{\phi}^2 AR^2\bm{s}'_P \tag{2.55}$$

と表すことができる．

2.3 解析例

極座標の複素数表示を用いるとき，次のような手順で解析を行うとよい．

1. 機構を複素平面上に置き，実軸，虚軸を設定する．
2. 機構の中の形状を三角形に分け，その三角形で向きに注意してベクトル方程式を作り，複素数 $re^{i\theta}$ の形で示す．
3. 得られた式を実部と虚部の式に分解し，長さや角度などの未知変数を求める．
4. 速度や加速度，角速度，角加速度を求めるときは実部，虚部に分けた式ではなく，$re^{i\theta}$ の形で示した式に戻り微分を行う．それから実部，虚部に分けて速度や加速度，角速度，角加速度などの未知変数を求める．

注意: 未知数が1つの式で示されることはあまりなく，複数の式を用いて表されることが多い．実際，計算機で計算する場合はこのような形で十分である．

$re^{i\theta}$ の形に戻って微分するのは，計算間違いを減らすためである．$re^{i\theta}$ の形の式を微分すると $re^{i\theta}$ の形の式が繰り返され計算が比較的楽であるが，実部虚部に分けた後の式には $re^{i\theta}$ は現れず，$\sin\theta$，$\cos\theta$ の形となり，微分するごとに $\sin\theta$ と $\cos\theta$ が交互に現れ，複雑になるためである．

[**例題 2.3**] スライダクランク機構

図 2.19 のスライダクランク機構においてクランク AB を原動節，スライダを従動節とする．クランク AB が一定の角速度 $\omega(\dot\theta = \omega)$ で回転するとき，クランクの回転角 θ に対するスライダの位置，速度，加速度を示せ．

(解)

極座標の複素数表示を用いるとき

図 2.20(a) のように，原点を点 A，$\overrightarrow{AC}$ 方向に実軸，$\overrightarrow{AC}$ を反時計回りに 90deg 回した方向に虚軸をおく．

△ABC においてベクトル方程式を立てると

$$\overrightarrow{AC} = \overrightarrow{AB} + \overrightarrow{BC} \tag{2.56}$$

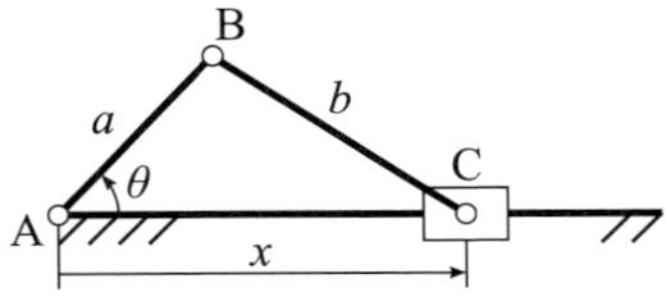

図 2.19 スライダクランク機構のスライダの位置など

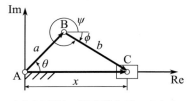
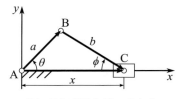

(a) 極座標で複素数を用いるとき　　　　(b) 直角座標を用いるとき

図 2.20　スライダクランク機構と座標系

とかける．

このとき，$\overrightarrow{AC}$，$\overrightarrow{AB}$，$\overrightarrow{BC}$ はそれぞれ複素数では xe^{i0}, $ae^{i\theta}$, $be^{i\psi}$ に対応する．ここで ψ は $\overrightarrow{BC}$ と実軸方向の成す角度であり，角度は実軸から反時計回りの角度をとることに注意が必要である．これよりベクトル方程式は

$$xe^{i0} = ae^{i\theta} + be^{i\psi} \tag{2.57}$$

と書き直すことができる．これを実部，虚部に分けると，$xe^{i0} = x + i0$ より

$$\begin{cases} x = a\cos\theta + b\cos\psi \\ 0 = a\sin\theta + b\sin\psi \end{cases} \tag{2.58}$$

となる．ここでは x と ψ が未知数となる．式 (2.58) の 2 式目から

$$\sin\psi = -\frac{a}{b}\sin\theta \tag{2.59}$$

が得られる．これを式 (2.58) の 1 式目に代入すると，スライダの位置 x は

$$x = a\cos\theta + b\sqrt{1 - \left(\frac{a}{b}\sin\theta\right)^2} = a\cos\theta + \sqrt{b^2 - a^2\sin^2\theta} \tag{2.60}$$

と求められる．

次に速度は $re^{i\theta}$ の形の式 (2.57) に立ち戻り微分すると

$$\dot{x} = ia\dot{\theta}e^{i\theta} + ib\dot{\psi}e^{i\psi} \tag{2.61}$$

とかける．$\dot{\psi}$ が虚部のみに表れるようにするために両辺に $e^{-i\psi}$ を掛けると

$$\dot{x}e^{-i\psi} = ia\dot{\theta}e^{i(\theta-\psi)} + ib\dot{\psi} \tag{2.62}$$

となり，この実部よりスライダの速度は

$$\dot{x}\cos(-\psi) = -a\dot{\theta}\sin(\theta-\psi) \tag{2.63}$$

すなわち
$$\dot{x} = \frac{-a\dot{\theta}\sin(\theta-\psi)}{\cos\psi} \tag{2.64}$$

と求められる．ここで $e^{-i\psi}$ を掛けたことから $\dot{\psi}$ を用いることなく $\dot{x}$ を表すことができる．（式 (2.61) を実部，虚部に分けると $\dot{\psi}$ を用いた形で $\dot{x}$ が表されるため， $\dot{x}$ を知る前に $\dot{\psi}$ が必要となる．）

次に加速度を求めよう．準備として式 (2.62) の虚部より
$$\dot{x}\sin(-\psi) = a\dot{\theta}\cos(\theta-\psi) + b\dot{\psi} \tag{2.65}$$

となる．これより， $\dot{\psi}$ が
$$\dot{\psi} = \frac{-\dot{x}\sin\psi - a\dot{\theta}\cos(\theta-\psi)}{b} \tag{2.66}$$

として求められる．ここで， $\dot{x}$ はすでに式 (2.64) で与えられている．次に式 (2.61) を微分して（ $\ddot{\theta}=0$ ）
$$\ddot{x} = -a\dot{\theta}^2 e^{i\theta} - b\dot{\psi}^2 e^{i\psi} + ib\ddot{\psi}e^{i\psi} \tag{2.67}$$

と示される．先ほどと同様に $e^{-i\psi}$ を掛けると
$$\ddot{x}e^{-i\psi} = -a\dot{\theta}^2 e^{i(\theta-\psi)} - b\dot{\psi}^2 + ib\ddot{\psi} \tag{2.68}$$

となる．これの実部より加速度は
$$\ddot{x}\cos\psi = -a\dot{\theta}^2\cos(\theta-\psi) - b\dot{\psi}^2 \tag{2.69}$$

すなわち
$$\ddot{x} = \frac{-a\dot{\theta}^2\cos(\theta-\psi) - b\dot{\psi}^2}{\cos\psi} \tag{2.70}$$

と求められる．

以上より， ψ（式 (2.59)）， x（式 (2.60)）， $\dot{x}$（式 (2.64)）， $\dot{\psi}$（式 (2.66)）， $\ddot{x}$（式 (2.70)）の順で計算することにより位置 x ，速度 $\dot{x}$ ，加速度 $\ddot{x}$ を求めることができる．

直角座標を用いるとき

図 2.20(b) のように，点 A を原点，$\overrightarrow{\mathrm{AC}}$ 方向を x 軸とすれば，C 点は $(x,0)$ とかける．$\angle\mathrm{BCA}$ を ϕ とおき，ベクトル方程式 (2.56) を成分分けすると
$$\begin{cases} x = a\cos\theta + b\cos\phi \\ 0 = a\sin\theta - b\sin\phi \end{cases} \tag{2.71}$$

とかける．これは ϕ を $2\pi - \psi$ と置き換えれば式 (2.58) と同じものとなることがわかる．ここでは x, ϕ が未知数となる．式 (2.71) の2式目から

$$\sin\phi = \frac{a}{b}\sin\theta \tag{2.72}$$

となる．これを式 (2.71) の1式目に代入すると，位置 x は

$$\begin{aligned}x &= a\cos\theta + b\sqrt{1 - \left(\frac{a}{b}\sin\theta\right)^2} \\ &= a\cos\theta + \sqrt{b^2 - a^2\sin^2\theta}\end{aligned} \tag{2.73}$$

となる．これを微分して速度，加速度はそれぞれ

$$\dot{x} = -a\omega\sin\theta - \frac{a^2\omega\sin\theta\cos\theta}{\sqrt{b^2 - a^2\sin^2\theta}} \tag{2.74}$$

$$\ddot{x} = -a\omega^2\cos\theta - \frac{a^2\omega^2(\cos^2\theta - \sin^2\theta)}{\sqrt{b^2 - a^2\sin^2\theta}} - \frac{a^4\omega^2\sin^2\theta\cos^2\theta}{(b^2 - a^2\sin^2\theta)^{3/2}} \tag{2.75}$$

で与えられる．

極座標と直角座標の計算の仕方を比較すると，極座標では1つ1つの式は比較的簡単な式であるが複数の式を用いて加速度などが計算されることがわかる．一方直角座標では1つの式で加速度などが表されるが，その式は極座標のそれに比べ大変複雑な式になっている．

[**例題 2.4**] 図 2.21 のスライダクランク機構においてスライダを原動節，クランク AB を従動節とする．スライダの位置 d がわかっているとき，クランク AB の角度 θ_A，角速度 $\dot{\theta}_A$ を求めよ．

(**解**) 例題 2.3 と同様にして，△ABC においてベクトル方程式を立てると

$$\overrightarrow{AB} = \overrightarrow{AC} + \overrightarrow{CB} \tag{2.76}$$

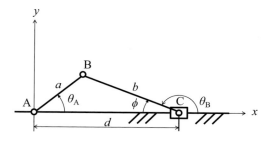

図 2.21 スライダクランク機構のクランクの角度

とかける．これを複素数を用いて表すと

$$ae^{i\theta_A} = d + be^{i\theta_B} \tag{2.77}$$

となる．この式を実部，虚部に分けると

$$a\cos\theta_A = d + b\cos\theta_B \tag{2.78}$$

$$a\sin\theta_A = b\sin\theta_B \tag{2.79}$$

とかける．この両辺を辺々自乗して足し合わせて θ_B を消去すると

$$a^2 - 2ad\cos\theta_A + d^2 = b^2 \tag{2.80}$$

となり，クランクの角度は

$$\cos\theta_A = \frac{a^2 + d^2 - b^2}{2ad} \tag{2.81}$$

で与えられる．また，式 (2.79) より

$$\sin\theta_B = \frac{a}{b}\sin\theta_A \tag{2.82}$$

で与えられる．式 (2.77) を微分して

$$ia\dot{\theta}_A e^{i\theta_A} = \dot{d} + ib\dot{\theta}_B e^{i\theta_B} \tag{2.83}$$

これを実部，虚部に分けると

$$-a\dot{\theta}_A \sin\theta_A = \dot{d} - b\dot{\theta}_B \sin\theta_B \tag{2.84}$$

$$a\dot{\theta}_A \cos\theta_A = b\dot{\theta}_B \cos\theta_B \tag{2.85}$$

とかける．式 (2.84) に $\cos\theta_B$，式 (2.85) に $\sin\theta_B$ を掛けて足し合わせて $\dot{\theta}_B$ を消去すると

$$a\dot{\theta}_A(\cos\theta_A \sin\theta_B - \sin\theta_A \cos\theta_B) = \dot{d}\cos\theta_B \tag{2.86}$$

すなわち，角速度が

$$\dot{\theta}_A = \frac{\dot{d}\cos\theta_B}{a\sin(\theta_B - \theta_A)} \tag{2.87}$$

で与えられる．

[**例題 2.5**] 図 2.22(a) のてこクランク機構においてクランク AB を原動節，てこ CD を従動節とする．リンク AB，BC，CD，DA の長さをそれぞれ a, b, c, d とし，これらは既知とする．θ_A がわかっているとき，てこ CD の角度 θ_C，角速度 $\dot{\theta}_C$ を求めよ．

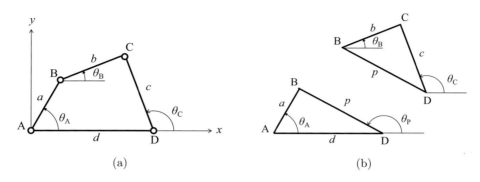

図 2.22 てこクランク機構の入出力関係

(解) まず点 A を原点とし，$\overrightarrow{\mathrm{AD}}$ を実軸になるように複素平面上に機構をおく．図 2.22(b) のように四角形であるリンク機構を 2 つの三角形 ABD と BCD に分ける．2 つの三角形においてベクトル方程式を作ると

$$\overrightarrow{\mathrm{DB}} = \overrightarrow{\mathrm{AB}} - \overrightarrow{\mathrm{AD}} \tag{2.88}$$

$$\overrightarrow{\mathrm{DC}} = \overrightarrow{\mathrm{DB}} + \overrightarrow{\mathrm{BC}} \tag{2.89}$$

とかける．図 2.22(b) のように BD の長さを p，$\overrightarrow{\mathrm{DB}}$ と実軸のなす角を θ_P，$\overrightarrow{\mathrm{BC}}$ の実軸とのなす角を θ_B とすると，式 (2.88)，(2.89) を複素数を用いて示すとそれぞれ

$$pe^{i\theta_\mathrm{P}} = ae^{i\theta_\mathrm{A}} - de^{i0} \tag{2.90}$$

$$ce^{i\theta_\mathrm{C}} = pe^{i\theta_\mathrm{P}} + be^{i\theta_\mathrm{B}} \tag{2.91}$$

とかける．これらの式ではそれぞれ，実部，虚部の 2 式から成り立っており，計 4 つの式があることになる．ここでは，p，θ_P，θ_B，θ_C の 4 つが未知数となり解くことができる．式 (2.90) の実部，虚部の自乗したものを足すと

$$p^2 = a^2 - 2ad\cos\theta_\mathrm{A} + d^2 \tag{2.92}$$

となる．これにより p が求められる．この p を用いると式 (2.90) の実部，虚部から θ_P が

$$\cos\theta_\mathrm{P} = \frac{a\cos\theta_\mathrm{A} - d}{p}, \quad \sin\theta_\mathrm{P} = \frac{a\sin\theta_\mathrm{A}}{p} \tag{2.93}$$

より求められる．式 (2.91) でまず，θ_B を求めるために，$e^{-i\theta_\mathrm{B}}$ を掛ける．

$$ce^{i(\theta_\mathrm{C} - \theta_\mathrm{B})} = pe^{i(\theta_\mathrm{P} - \theta_\mathrm{B})} + b \tag{2.94}$$

この実部と虚部の自乗和をとると

$$c^2 = p^2 + 2bp\cos(\theta_\mathrm{P} - \theta_\mathrm{B}) + b^2 \tag{2.95}$$

が得られる．これより
$$\cos(\theta_P - \theta_B) = \frac{c^2 - p^2 - b^2}{2bp} \tag{2.96}$$
となり，θ_B が求められる．式 (2.91) の成分分けをして
$$\cos\theta_C = \frac{p\cos\theta_P + b\cos\theta_B}{c}, \quad \sin\theta_C = \frac{p\sin\theta_P + b\sin\theta_B}{c} \tag{2.97}$$
となり，角度 θ_C が求められる．

整理すると，θ_A から，p (式 (2.92))，θ_P (式 (2.93))，θ_B (式 (2.96))，θ_C (式 (2.97)) の順で求めることができる．

次に速度について考える．式 (2.90)，(2.91) を微分して
$$ip\dot{\theta}_P e^{i\theta_P} = ia\dot{\theta}_A e^{i\theta_A} \tag{2.98}$$
$$ic\dot{\theta}_C e^{i\theta_C} = ip\dot{\theta}_P e^{i\theta_P} + ib\dot{\theta}_B e^{i\theta_B} \tag{2.99}$$
となり，これらを足し合わせて
$$ic\dot{\theta}_C e^{i\theta_C} = ia\dot{\theta}_A e^{i\theta_A} + ib\dot{\theta}_B e^{i\theta_B} \tag{2.100}$$
となる．$\dot{\theta}_B$ の影響を消すために $e^{-i\theta_B}$ を掛け，i で割ると
$$c\dot{\theta}_C e^{i(\theta_C - \theta_B)} = a\dot{\theta}_A e^{i(\theta_A - \theta_B)} + b\dot{\theta}_B \tag{2.101}$$
が得られる．この虚部をとると，$\dot{\theta}_B$ が表れないので
$$c\dot{\theta}_C \sin(\theta_C - \theta_B) = a\dot{\theta}_A \sin(\theta_A - \theta_B) \tag{2.102}$$
となる．これより，角速度は
$$\dot{\theta}_C = \frac{a\sin(\theta_A - \theta_B)}{c\sin(\theta_C - \theta_B)}\dot{\theta}_A \tag{2.103}$$
で求められる．

演習問題

2.1 例題2.1においてリンクABは等速で反時計まわりに回転しているとする．クランクABの回転角を調べることにより，てこCDが左に動くときより，右に動くときの方が早くなる，早戻り機構となっていることを示せ．

2.2 例題2.1のリンク機構で両てこ機構にするためにはどのリンクを固定すればよいか．また，そのときの2つのてこの揺動角を求めよ．

2.3 図2.23のように，往復スライダクランク機構でスライダの動く軸がクランクの中心からずれている場合，**オフセットスライダクランク機構**と呼ばれる．この機構では往復スライダクランク機構より連接棒の角度ϕが小さくなり，ピストンの側圧が減少し，摩擦損失が小さいので小型の燃焼機関に用いられる．オフセットスライダクランク機構でスライダの点Aからの変位x_oをクランクの長さa，連接棒の長さb，オフセット量e，クランクの角度θを用いて示せ．また，クランクの長さを$a = 10$ cm，連接棒の長さを$b = 30$ cm，オフセット量を$e = 3$ cmとするとき，往復スライダクランク機構とオフセットスライダクランク機構でスライダの変位の最大値(最小値)の違いはいくらかを検討せよ．

2.4 図2.24のような両クランク機構を考える．リンクABが等速$\dot{\phi} = 2$ rad/s で反時計回りに回転しているとする．リンクABとADが直角になった瞬間を考える．このときリンクDCの角度θおよび角速度$\dot{\theta}$はいくらか．ただし，$a = 25$ cm, $b = 15$ cm, $c = 22$ cm, $d = 10$ cm とする．

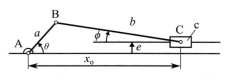

図2.23 オフセットスライダクランク機構

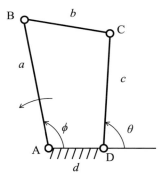

図2.24 両クランク機構

2.5 図 2.25 のような機構を考える．リンク OA は点 O，点 A まわりに回転でき，スライダは x 軸方向に滑ることができる．リンク BAC はこの順に 1 直線をなし，一体であるとする．また，リンク BAC は点 C でスライダに対して回転できるものとする．リンク OA と x 軸のなす角を θ，リンク BAC と x 軸のなす角を ϕ，$a = $ OA，$b = $ AB，$c = $ AC とする．このとき次の問いに答えよ．

(1) スライダの変位 $x_0 = $ OC はいくらか．θ，ϕ を用いて表せ．

(2) θ，ϕ の関係式を示せ．

(3) 点 B の座標はいくらか．θ と ϕ を用いて示せ．

(4) 点 B が θ の値にかかわらず，y 軸上を動くためには，各リンクの長さ a，b，c が満たすべき条件を示せ．

2.6 図 2.26 のようなクランク半径 $r = 100$ mm，連接棒の長さ $l = 500$ mm のピストンクランク機構（往復スライダクランク機構）においてクランク軸が一定の角速度 $\omega = 1200$ rpm で回転している．ピストンの変位 x_p は

$$x_p = l\left(1 - \frac{\lambda^2}{4}\right) + r\left(\cos\theta + \frac{\lambda}{4}\cos 2\theta\right) \tag{2.104}$$

で近似できる．ここで $\lambda = r/l$，θ はクランクの回転角である．これを用いて，ピストン速度が最大となるクランク角 θ と最大速度を求めよ．

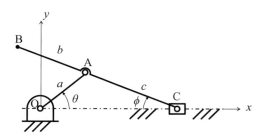

図 2.25　リンク機構

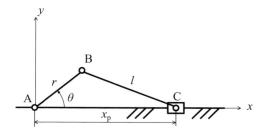

図 2.26　ピストンクランク機構

2.7 図 2.27 のようにクランク OB が一定の角速度 ω_0 で時計方向に回転している．なお，ロッドは点 C で回転できる筒を通って滑ることができるとする．$a = 100$ mm，$d = 100\sqrt{3}$ mm，$\omega_0 = 5$ rad/s とするとき，$\theta = \pi/2$ になった瞬間のロッド BD の角加速度 $\ddot{\phi}$ を求めよ．

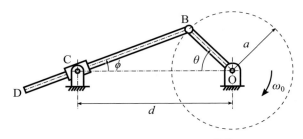

図 2.27　スライダクランク機構

3 空間運動機構と運動解析

第2章では平面リンク機構と運動解析手法を述べてきた．本章では空間運動機構の運動解析手法を示し，ロボットアームの運動などについても示す．

3.1 空間運動機構の運動解析

3.1.1 3次元での点やベクトルの表示方法

(1) 直角座標系 (デカルト座標系)

直角座標 (rectangular coordinates) または**デカルト座標** (Cartesian coordinates) では点Pの座標は x, y, z 成分を用いるとP(x,y,z) とかける．図3.1に示すように点Pの位置ベクトル $\boldsymbol{r}$ は x 座標，y 座標，z 座標の値と，x 軸方向単位ベクトル $\boldsymbol{i}$，y 軸方向単位ベクトル $\boldsymbol{j}$，z 軸方向単位ベクトル $\boldsymbol{k}$ を用いると

$$\boldsymbol{r} = x\boldsymbol{i} + y\boldsymbol{j} + z\boldsymbol{k} \tag{3.1}$$

とかける．式(3.1)は平面の直角座標系に z 軸を加えた形になっている．xyz 系は右手系をなしていることに注意が必要である．

平面座標系での解析と同様に，直角座標系では単位ベクトル $\boldsymbol{i}$, $\boldsymbol{j}$, $\boldsymbol{k}$ は空間に固定されていることから時間変化はない．そのため，式(3.1)より点Pの速度，加速度はそれぞれ

$$\dot{\boldsymbol{r}} = \dot{x}\boldsymbol{i} + \dot{y}\boldsymbol{j} + \dot{z}\boldsymbol{k} \tag{3.2}$$

$$\ddot{\boldsymbol{r}} = \ddot{x}\boldsymbol{i} + \ddot{y}\boldsymbol{j} + \ddot{z}\boldsymbol{k} \tag{3.3}$$

で与えられる．

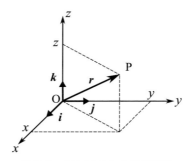

図3.1 3次元での直角座標系

(2) 円柱座標系

円柱座標または**円筒座標** (cylindrical coordinates) では点 P の座標は $P(r, \theta, z)$ とかける．図3.2 に示すように (r, θ, z) の増加方向の単位ベクトルをそれぞれ $\bm{i}_r$, $\bm{i}_\theta$, $\bm{i}_z$ とする．この系は右手系をなしている．点 P の位置ベクトルは

$$\bm{r} = r\bm{i}_r + z\bm{i}_z \tag{3.4}$$

とかける．ここで $r \geq 0$, $0 \leq \theta < 2\pi$ である．ここでは r は OP の長さではないことに注意しよう．式 (3.4) は平面極座標系に z 軸成分を加えた形になっている．円柱座標系では単位ベクトル $\bm{i}_r$, $\bm{i}_\theta$, $\bm{i}_z$ は長さは変わらないが時間とともにその方向は変化する．そのため速度は $\bm{i}_r$, $\bm{i}_z$ の時間変化を考えると

$$\dot{\bm{r}} = \dot{r}\bm{i}_r + r\frac{d\bm{i}_r}{dt} + \dot{z}\bm{i}_z + z\frac{d\bm{i}_z}{dt} \tag{3.5}$$

とかける．

ここでベクトルの回転について考える．今，図3.3 に示すように，角速度ベクトル $\bm{\omega}$ のまわりに，$\bm{\omega}$ と角度 ψ をなすベクトル $\bm{r}_0$ が微小時間 Δt の間回転する場合を考える．図3.3 より，$\bm{r}_0(t)$ が $\Delta \bm{r}_0$ だけ変化し，$\bm{r}_0(t + \Delta t) = \bm{r}_0(t) + \Delta \bm{r}_0$ となるとする．ここで増加量 $\Delta \bm{r}_0$ の大きさは $\bm{r}_0$ の先端が $\bm{\omega}$ に垂直な平面上の半径 $r_0 \sin \psi$ の円周を微小角度 $\omega \Delta t$ (ω は $\bm{\omega}$ の大きさ) だけ動くので

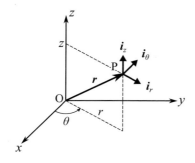

図3.2 円柱座標系

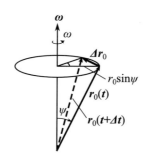

図3.3 微小時間のベクトルの回転

$$|\Delta \boldsymbol{r}_0| = r_0 \sin \psi \cdot \omega \Delta t \tag{3.6}$$

とかける．これより

$$\left|\frac{d\boldsymbol{r}_0}{dt}\right| = \lim_{\Delta t \to 0} \left|\frac{\Delta \boldsymbol{r}_0}{\Delta t}\right| = r_0 \omega \sin \psi \tag{3.7}$$

となる．$\Delta \boldsymbol{r}_0$ は $\boldsymbol{\omega}$ と $\boldsymbol{r}_0$ を含む平面に対して垂直である ($\boldsymbol{\omega} \times \boldsymbol{r}_0$ の方向)．また，$r_0 \omega \sin \psi$ は $\boldsymbol{\omega}$ と $\boldsymbol{r}_0$ の外積ベクトル $\boldsymbol{\omega} \times \boldsymbol{r}_0$ の大きさであるから

$$\frac{d\boldsymbol{r}_0}{dt} = \boldsymbol{\omega} \times \boldsymbol{r}_0 \tag{3.8}$$

とかける．

ここで円柱座標系の解析に戻ると，$\boldsymbol{r}_0$ を $\boldsymbol{i}_r$, $\boldsymbol{i}_\theta$, $\boldsymbol{i}_z$ と置き換え，$\boldsymbol{\omega} = \omega \boldsymbol{i}_z$ と仮定すれば，$\omega = \dot{\theta}$ として

$$\frac{d\boldsymbol{i}_r}{dt} = \boldsymbol{\omega} \times \boldsymbol{i}_r = \dot{\theta} \boldsymbol{i}_z \times \boldsymbol{i}_r = \dot{\theta} \boldsymbol{i}_\theta \tag{3.9}$$

$$\frac{d\boldsymbol{i}_\theta}{dt} = \boldsymbol{\omega} \times \boldsymbol{i}_\theta = \dot{\theta} \boldsymbol{i}_z \times \boldsymbol{i}_\theta = -\dot{\theta} \boldsymbol{i}_r \tag{3.10}$$

$$\frac{d\boldsymbol{i}_z}{dt} = \boldsymbol{\omega} \times \boldsymbol{i}_z = \dot{\theta} \boldsymbol{i}_z \times \boldsymbol{i}_z = \boldsymbol{0} \tag{3.11}$$

とかける．ここで

$$\begin{cases} \boldsymbol{i}_r \times \boldsymbol{i}_\theta = \boldsymbol{i}_z, \quad \boldsymbol{i}_\theta \times \boldsymbol{i}_z = \boldsymbol{i}_r, \quad \boldsymbol{i}_z \times \boldsymbol{i}_r = \boldsymbol{i}_\theta, \\ \boldsymbol{i}_\theta \times \boldsymbol{i}_r = -\boldsymbol{i}_z, \quad \boldsymbol{i}_z \times \boldsymbol{i}_\theta = -\boldsymbol{i}_r, \quad \boldsymbol{i}_r \times \boldsymbol{i}_z = -\boldsymbol{i}_\theta, \\ \boldsymbol{i}_r \times \boldsymbol{i}_r = \boldsymbol{i}_\theta \times \boldsymbol{i}_\theta = \boldsymbol{i}_z \times \boldsymbol{i}_z = \boldsymbol{0} \end{cases} \tag{3.12}$$

である．これより，円柱座標系の速度 $\dot{\boldsymbol{r}}$ は

$$\dot{\boldsymbol{r}} = \dot{r} \boldsymbol{i}_r + r\dot{\theta} \boldsymbol{i}_\theta + \dot{z} \boldsymbol{i}_z \tag{3.13}$$

とかける．さらに時刻 t で微分すると，加速度は

$$\ddot{\boldsymbol{r}} = \ddot{r} \boldsymbol{i}_r + \dot{r} \frac{d\boldsymbol{i}_r}{dt} + \dot{r}\dot{\theta} \boldsymbol{i}_\theta + r\ddot{\theta} \boldsymbol{i}_\theta + r\dot{\theta} \frac{d\boldsymbol{i}_\theta}{dt} + \ddot{z} \boldsymbol{i}_z + \dot{z} \frac{d\boldsymbol{i}_z}{dt}$$

$$= \ddot{r} \boldsymbol{i}_r + \dot{r}\dot{\theta} \boldsymbol{i}_\theta + \dot{r}\dot{\theta} \boldsymbol{i}_\theta + r\ddot{\theta} \boldsymbol{i}_\theta - r\dot{\theta}^2 \boldsymbol{i}_r + \ddot{z} \boldsymbol{i}_z + \dot{z} \boldsymbol{0}$$

$$= (\ddot{r} - r\dot{\theta}^2) \boldsymbol{i}_r + (2\dot{r}\dot{\theta} + r\ddot{\theta}) \boldsymbol{i}_\theta + \ddot{z} \boldsymbol{i}_z \tag{3.14}$$

とかける．

式 (3.13) の第 1, 2 項はそれぞれ，第 2 章の式 (2.38) と同じ形なっていることがわかる．また，式 (3.14) の第 1, 2 項はそれぞれ，第 2 章の式 (2.39) と同じ形なっていることがわかる．

(3) 球座標系

球座標または**球面座標** (spherical cooordinates) では,点 P の座標は $P(r, \phi, \theta)$ とかける.図 3.4 に示すように (r, ϕ, θ) の増加方向の単位ベクトルをそれぞれ $\boldsymbol{i}_r$, $\boldsymbol{i}_\phi$, $\boldsymbol{i}_\theta$ とする.この系は右手系をなしている.ここで $r \geq 0$, $0 \leq \phi \leq \pi$, $0 \leq \theta < 2\pi$ である.球座標は**空間極座標**ともいわれる.点 P の位置ベクトルは

$$\boldsymbol{r} = r\boldsymbol{i}_r \tag{3.15}$$

とかける.単位ベクトルのとり方は円柱座標系と異なっていることに注意しよう.

球座標系では,円柱座標系と同様に単位ベクトル $\boldsymbol{i}_r$, $\boldsymbol{i}_\phi$, $\boldsymbol{i}_\theta$ は長さは変わらないが時間とともにその方向は変化する.そのため速度は $\boldsymbol{i}_r$ の時間変化を考えると

$$\dot{\boldsymbol{r}} = \dot{r}\boldsymbol{i}_r + r\frac{d\boldsymbol{i}_r}{dt} \tag{3.16}$$

とかける.ここで円柱座標系のときと同様に単位ベクトルの微分を考える.ϕ, θ が増加すると考えて,角速度ベクトル $\boldsymbol{\omega}$ を

$$\boldsymbol{\omega} = \dot{\theta}\boldsymbol{k} + \dot{\phi}\boldsymbol{i}_\theta \tag{3.17}$$

と仮定する.ここで $\boldsymbol{k}$ は z 軸方向の単位ベクトルであり,$\boldsymbol{i}_r$, $\boldsymbol{i}_\phi$ を用いて表すと,図 3.5 より

$$\boldsymbol{k} = \cos\phi\,\boldsymbol{i}_r - \sin\phi\,\boldsymbol{i}_\phi \tag{3.18}$$

とかける.式 (3.17) に式 (3.18) を代入すると,角速度ベクトル $\boldsymbol{\omega}$ は

$$\boldsymbol{\omega} = \dot{\theta}(\cos\phi\,\boldsymbol{i}_r - \sin\phi\,\boldsymbol{i}_\phi) + \dot{\phi}\boldsymbol{i}_\theta = \dot{\theta}\cos\phi\,\boldsymbol{i}_r - \dot{\theta}\sin\phi\,\boldsymbol{i}_\phi + \dot{\phi}\boldsymbol{i}_\theta$$

とかける.角速度ベクトル $\boldsymbol{\omega}$ が決定すれば円柱座標系と同様にして,$\boldsymbol{i}_r$, $\boldsymbol{i}_\phi$, $\boldsymbol{i}_\theta$ の微分は

$$\frac{d\boldsymbol{i}_r}{dt} = \boldsymbol{\omega} \times \boldsymbol{i}_r = \dot{\theta}\cos\phi\,\boldsymbol{i}_r \times \boldsymbol{i}_r - \dot{\theta}\sin\phi\,\boldsymbol{i}_\phi \times \boldsymbol{i}_r + \dot{\phi}\boldsymbol{i}_\theta \times \boldsymbol{i}_r = \dot{\phi}\boldsymbol{i}_\phi + \dot{\theta}\sin\phi\,\boldsymbol{i}_\theta \tag{3.19}$$

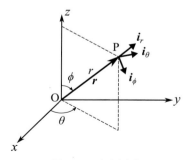

図 3.4 球座標系

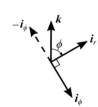

図 3.5 z 方向の単位ベクトル

$$\frac{d\boldsymbol{i}_\phi}{dt} = \boldsymbol{\omega} \times \boldsymbol{i}_\phi = \dot{\theta}\cos\phi \boldsymbol{i}_r \times \boldsymbol{i}_\phi - \dot{\theta}\sin\phi \boldsymbol{i}_\phi \times \boldsymbol{i}_\phi + \dot{\phi}\boldsymbol{i}_\theta \times \boldsymbol{i}_\phi = -\dot{\phi}\boldsymbol{i}_r + \dot{\theta}\cos\phi \boldsymbol{i}_\theta \quad (3.20)$$

$$\frac{d\boldsymbol{i}_\theta}{dt} = \boldsymbol{\omega} \times \boldsymbol{i}_\theta = \dot{\theta}\cos\phi \boldsymbol{i}_r \times \boldsymbol{i}_\theta - \dot{\theta}\sin\phi \boldsymbol{i}_\phi \times \boldsymbol{i}_\theta + \dot{\phi}\boldsymbol{i}_\theta \times \boldsymbol{i}_\theta = -\dot{\theta}\sin\phi \boldsymbol{i}_r - \dot{\theta}\cos\phi \boldsymbol{i}_\phi \quad (3.21)$$

となる．ここで

$$\begin{cases} \boldsymbol{i}_r \times \boldsymbol{i}_\phi = \boldsymbol{i}_\theta, \quad \boldsymbol{i}_\phi \times \boldsymbol{i}_\theta = \boldsymbol{i}_r, \quad \boldsymbol{i}_\theta \times \boldsymbol{i}_r = \boldsymbol{i}_\phi, \\ \boldsymbol{i}_\phi \times \boldsymbol{i}_r = -\boldsymbol{i}_\theta, \quad \boldsymbol{i}_\theta \times \boldsymbol{i}_\phi = -\boldsymbol{i}_r, \quad \boldsymbol{i}_r \times \boldsymbol{i}_\theta = -\boldsymbol{i}_\phi, \\ \boldsymbol{i}_r \times \boldsymbol{i}_r = \boldsymbol{i}_\phi \times \boldsymbol{i}_\phi = \boldsymbol{i}_\theta \times \boldsymbol{i}_\theta = \boldsymbol{0} \end{cases} \quad (3.22)$$

である．これより，球座標系の速度 $\dot{\boldsymbol{r}}$ は

$$\dot{\boldsymbol{r}} = \dot{r}\boldsymbol{i}_r + r\dot{\phi}\boldsymbol{i}_\phi + r\dot{\theta}\sin\phi \boldsymbol{i}_\theta \quad (3.23)$$

とかける．さらに時刻 t で微分すると，加速度は

$$\begin{aligned}\ddot{\boldsymbol{r}} =& \ddot{r}\boldsymbol{i}_r + \dot{r}\frac{d\boldsymbol{i}_r}{dt} + \dot{r}\dot{\phi}\boldsymbol{i}_\phi + r\ddot{\phi}\boldsymbol{i}_\phi + r\dot{\phi}\frac{d\boldsymbol{i}_\phi}{dt} \\ &+ \dot{r}\dot{\theta}\sin\phi \boldsymbol{i}_\theta + r\ddot{\theta}\sin\phi \boldsymbol{i}_\theta + r\dot{\theta}\cos\phi\dot{\phi}\boldsymbol{i}_\theta + r\dot{\theta}\sin\phi\frac{d\boldsymbol{i}_\theta}{dt} \\ =& (\ddot{r} - r\dot{\phi}^2 - r\dot{\theta}^2\sin^2\phi)\boldsymbol{i}_r + (r\ddot{\phi} + 2\dot{r}\dot{\phi} - r\dot{\theta}^2\sin\phi\cos\phi)\boldsymbol{i}_\phi \\ &+ (r\ddot{\theta}\sin\phi + 2\dot{r}\dot{\theta}\sin\phi + 2r\dot{\phi}\dot{\theta}\cos\phi)\boldsymbol{i}_\theta \end{aligned} \quad (3.24)$$

とかける．

(4) 3つの座標系の関係

点 P が直角座標系で P(x,y,z)，円柱座標系で P(r_c, θ_c, z_c)，球座標系で P(r_s, ϕ_s, θ_s) で表されるとする．直角座標系と円柱座標系では

$$x = r_c \cos\theta_c, \quad y = r_c \sin\theta_c, \quad z = z_c \quad (3.25)$$

または

$$r_c = \sqrt{x^2 + y^2}, \quad \cos\theta_c = \frac{x}{\sqrt{x^2+y^2}}, \quad \sin\theta_c = \frac{y}{\sqrt{x^2+y^2}}, \quad z_c = z \quad (3.26)$$

となる．また，直角座標系と球座標系では

$$x = r_s \sin\phi_s \cos\theta_s, \quad y = r_s \sin\phi_s \sin\theta_s, \quad z = r_s \cos\phi_s \quad (3.27)$$

または

$$r_s = \sqrt{x^2 + y^2 + z^2}, \quad \cos\phi_s = \frac{z}{\sqrt{x^2 + y^2 + z^2}}$$
$$\cos\theta_s = \frac{x}{\sqrt{x^2 + y^2}}, \quad \sin\theta_s = \frac{y}{\sqrt{x^2 + y^2}} \tag{3.28}$$

となる．また，円柱座標系と球座標系では

$$r_c = r_s \sin\phi_s, \quad \theta_c = \theta_s, \quad z_c = r_s \cos\phi_s \tag{3.29}$$

または

$$r_s = \sqrt{r_c^2 + z_c^2}, \quad \cos\phi_s = \frac{z_c}{\sqrt{r_c^2 + z_c^2}}, \quad \sin\phi_s = \frac{r_c}{\sqrt{r_c^2 + z_c^2}}, \quad \theta_s = \theta_c \tag{3.30}$$

となる．

3.1.2 座標変換

(1) 局所座標系と基準座標系の原点が一致するとき

図 3.6 に示すような**基準座標系** O-xyz と**局所座標系** O-$x'y'z'$ を考える．局所座標系での点 P の位置 $(s_{x'}, s_{y'}, s_{z'})$ と基準座標系での点 P の位置 (s_x, s_y, s_z) の関係を考える．すなわち 2 つの座標系の間の**座標変換** (**coordinate transformation**) を考える．x, y, z 軸方向の単位ベクトルをそれぞれ $\boldsymbol{i}$, $\boldsymbol{j}$, $\boldsymbol{k}$, x', y', z' 軸方向の単位ベクトルをそれぞれ $\boldsymbol{i'}$, $\boldsymbol{j'}$, $\boldsymbol{k'}$ とおく．x 軸と x', y', z' 軸とのなす角をそれぞれ $\theta_{xx'}$, $\theta_{xy'}$, $\theta_{xz'}$, y 軸と x', y', z' 軸とのなす角をそれぞれ $\theta_{yx'}$, $\theta_{yy'}$, $\theta_{yz'}$, z 軸と x', y', z' 軸とのなす角をそれぞれ $\theta_{zx'}$, $\theta_{zy'}$, $\theta_{zz'}$ とおく．このとき，a_{11}, a_{12}, $\cdots$, a_{33} を

$$\begin{cases} a_{11} := \cos\theta_{xx'} = \boldsymbol{i} \cdot \boldsymbol{i'}, \ a_{12} := \cos\theta_{xy'} = \boldsymbol{i} \cdot \boldsymbol{j'}, \ a_{13} := \cos\theta_{xz'} = \boldsymbol{i} \cdot \boldsymbol{k'} \\ a_{21} := \cos\theta_{yx'} = \boldsymbol{j} \cdot \boldsymbol{i'}, \ a_{22} := \cos\theta_{yy'} = \boldsymbol{j} \cdot \boldsymbol{j'}, \ a_{23} := \cos\theta_{yz'} = \boldsymbol{j} \cdot \boldsymbol{k'} \\ a_{31} := \cos\theta_{zx'} = \boldsymbol{k} \cdot \boldsymbol{i'}, \ a_{32} := \cos\theta_{zy'} = \boldsymbol{k} \cdot \boldsymbol{j'}, \ a_{33} := \cos\theta_{zz'} = \boldsymbol{k} \cdot \boldsymbol{k'} \end{cases} \tag{3.31}$$

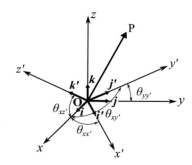

図 3.6 基準座標系と局所座標系（原点が一致するとき）

とおく．

i', j', k' は基準座標系上ではそれぞれ i, j, k の線形結合で表すことができる．すなわち，式 (3.31) の関係から

$$\begin{cases} i' = a_{11}i + a_{21}j + a_{31}k \\ j' = a_{12}i + a_{22}j + a_{32}k \\ k' = a_{13}i + a_{23}j + a_{33}k \end{cases} \tag{3.32}$$

と表すことができる．これより，i', j', k' は基準座標系ではそれぞれ $\{a_{11}, a_{21}, a_{31}\}^T$, $\{a_{12}, a_{22}, a_{32}\}^T$, $\{a_{13}, a_{23}, a_{33}\}^T$ に対応していることがわかる．

ここで点 P の位置ベクトルを s とすると

$$\begin{aligned} s &= s_{x'}i' + s_{y'}j' + s_{z'}k' \\ &= s_{x'}(a_{11}i + a_{21}j + a_{31}k) + s_{y'}(a_{12}i + a_{22}j + a_{32}k) + s_{z'}(a_{13}i + a_{23}j + a_{33}k) \\ &= (a_{11}s_{x'} + a_{12}s_{y'} + a_{13}s_{z'})i + (a_{21}s_{x'} + a_{22}s_{y'} + a_{23}s_{z'})j + (a_{31}s_{x'} + a_{32}s_{y'} + a_{33}s_{z'})k \end{aligned} \tag{3.33}$$

となる．これは基準座標系で表すと

$$s = s_x i + s_y j + s_z k \tag{3.34}$$

であることから，式 (3.33) と式 (3.34) を比べることにより

$$\begin{cases} s_x = a_{11}s_{x'} + a_{12}s_{y'} + a_{13}s_{z'} \\ s_y = a_{21}s_{x'} + a_{22}s_{y'} + a_{23}s_{z'} \\ s_z = a_{31}s_{x'} + a_{32}s_{y'} + a_{33}s_{z'} \end{cases} \tag{3.35}$$

とかける．これをベクトル，マトリックスを用いて表すと

$$s = As' \tag{3.36}$$

とかける．ここで A は**方向余弦マトリックス**または**回転変換マトリックス**と呼ばれ

$$A = \begin{bmatrix} a_{11} & a_{12} & a_{13} \\ a_{21} & a_{22} & a_{23} \\ a_{31} & a_{32} & a_{33} \end{bmatrix} \tag{3.37}$$

とかける．式 (3.32) より A の各列は i', j', k' に対応している．すなわち

$$A = [i' \ j' \ k'] \tag{3.38}$$

であるので，i'，j'，k' の直交性から

$$A^T A = \begin{bmatrix} i' \cdot i' & i' \cdot j' & i' \cdot k' \\ j' \cdot i' & j' \cdot j' & j' \cdot k' \\ k' \cdot i' & k' \cdot j' & k' \cdot k' \end{bmatrix} = \begin{bmatrix} 1 & 0 & 0 \\ 0 & 1 & 0 \\ 0 & 0 & 1 \end{bmatrix} = E \tag{3.39}$$

と計算できる．ここで E は単位マトリックスである．このことから

$$A^T = A^{-1} \tag{3.40}$$

とわかる．

(2) 局所座標系と基準座標系の原点が一致しないとき

図3.7のように局所座標系と基準座標系の原点が一致しないときを考える．この場合は原点のずれの分を平行移動して考えるとよい．

$$\bm{r}_\mathrm{P} = \bm{r} + \bm{s}_\mathrm{P} = \bm{r} + A\bm{s}'_\mathrm{P} \tag{3.41}$$

$\bm{r}$ と $\bm{s}'_P$ は別の座標系のベクトルなので直接加減算ができない．局所座標系のベクトルに変換マトリックス A を掛けて同じ基準座標系のベクトルにしてから加減算をしないといけない．これを微分することにより，速度，加速度が得られる．$\bm{s}'_P$ は局所座標系に固定されているとすると，速度，加速度はそれぞれ

$$\dot{\bm{r}}_\mathrm{P} = \dot{\bm{r}} + \dot{A}\bm{s}'_\mathrm{P} \tag{3.42}$$

$$\ddot{\bm{r}}_\mathrm{P} = \ddot{\bm{r}} + \ddot{A}\bm{s}'_\mathrm{P} \tag{3.43}$$

より得られる．

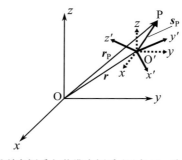

図3.7 局所座標系と基準座標系(原点が一致しないとき)

(3) 回転変換マトリックスの簡単な例

(i) z 軸と z' 軸が一致するとき (z 軸まわりの回転)

図 3.8 に示すように，O-$x'y'z'$ 系が O-xyz 系を z 軸まわりに右ねじの向きになるように角度 ϕ 回転したものであるとする．このとき，マトリックスの各要素は

$$a_{11} = \cos\theta_{xx'} = \cos\phi \tag{3.44}$$

$$a_{12} = \cos\theta_{xy'} = \cos\left(\frac{\pi}{2} + \phi\right) = -\sin\phi \tag{3.45}$$

$$a_{13} = \cos\theta_{xz'} = \cos\frac{\pi}{2} = 0 \tag{3.46}$$

$$a_{21} = \cos\theta_{yx'} = \cos\left(\frac{\pi}{2} - \phi\right) = \sin\phi \tag{3.47}$$

$$a_{22} = \cos\theta_{yy'} = \cos\phi \tag{3.48}$$

$$a_{23} = \cos\theta_{yz'} = \cos\frac{\pi}{2} = 0 \tag{3.49}$$

$$a_{31} = \cos\theta_{zx'} = \cos\frac{\pi}{2} = 0 \tag{3.50}$$

$$a_{32} = \cos\theta_{zy'} = \cos\frac{\pi}{2} = 0 \tag{3.51}$$

$$a_{33} = \cos\theta_{zz'} = \cos 0 = 1 \tag{3.52}$$

となる．これより回転変換マトリックスを A_z とすると

$$A_z = \begin{bmatrix} \cos\phi & -\sin\phi & 0 \\ \sin\phi & \cos\phi & 0 \\ 0 & 0 & 1 \end{bmatrix} \tag{3.53}$$

となる．

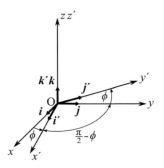

図 3.8 z 軸まわりの回転

(ii) x 軸と x' 軸が一致するとき (x 軸まわりの回転)

図 3.9 に示すように，O-$x'y'z'$ 系が O-xyz 系を x 軸まわりに右ねじの向きになるように角度 ϕ 回転したものであるとする．このとき，回転変換マトリックスを A_x とすると

$$A_x = \begin{bmatrix} 1 & 0 & 0 \\ 0 & \cos\phi & -\sin\phi \\ 0 & \sin\phi & \cos\phi \end{bmatrix} \tag{3.54}$$

となる．（各自確かめよ）

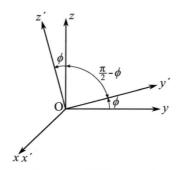

図 3.9　x 軸まわりの回転

(iii)　y 軸と y' 軸が一致するとき (y 軸まわりの回転)

図 3.10 に示すように，O-$x'y'z'$ 系が O-xyz 系を y 軸まわりに右ねじの向きになるように角度 ϕ 回転したものであるとする．このとき，回転変換マトリックスを A_y とすると

$$A_y = \begin{bmatrix} \cos\phi & 0 & \sin\phi \\ 0 & 1 & 0 \\ -\sin\phi & 0 & \cos\phi \end{bmatrix} \tag{3.55}$$

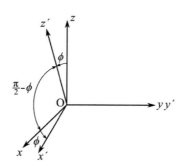

図 3.10　y 軸まわりの回転

となる．(各自確かめよ)

O-$x'y'z'$系が一般の位置にあっても回転変換マトリックスは計算はできるが，x軸，y軸，z軸まわりの回転の回転変換マトリックスを知っていれば，多くの場合は十分対応できる．

3.2 ロボットアームと運動解析

3次元空間内を動く機械の1つに**ロボットアーム (robot arm)** がある．多関節のアームでは各部分ごとに局所座標系を設定して考えることが多いので，局所座標系の座標を基準座標系で示すことが重要となる．前項の考え方を用いるとこれを簡単に行うことができる．

図3.6のような原点が同じである局所座標系 O-$x'y'z'$ と基準座標系 O-xyz を考える．P点はO-xyz系で (x, y, z)，O-$x'y'z'$系で (x', y', z') と表されるとすると，前項の結果より

$$\begin{Bmatrix} x \\ y \\ z \end{Bmatrix} = \begin{bmatrix} \cos\theta_{xx'} & \cos\theta_{xy'} & \cos\theta_{xz'} \\ \cos\theta_{yx'} & \cos\theta_{yy'} & \cos\theta_{yz'} \\ \cos\theta_{zx'} & \cos\theta_{zy'} & \cos\theta_{zz'} \end{bmatrix} \begin{Bmatrix} x' \\ y' \\ z' \end{Bmatrix} \tag{3.56}$$

となる．また，図3.7のような原点が異なる場合は式(3.41)をもとに O′ が O-xyz系で O′(x_0, y_0, z_0) とすると

$$\begin{Bmatrix} x \\ y \\ z \end{Bmatrix} = \begin{Bmatrix} x_0 \\ y_0 \\ z_0 \end{Bmatrix} + \begin{bmatrix} \cos\theta_{xx'} & \cos\theta_{xy'} & \cos\theta_{xz'} \\ \cos\theta_{yx'} & \cos\theta_{yy'} & \cos\theta_{yz'} \\ \cos\theta_{zx'} & \cos\theta_{zy'} & \cos\theta_{zz'} \end{bmatrix} \begin{Bmatrix} x' \\ y' \\ z' \end{Bmatrix} \tag{3.57}$$

とかける．これを少し変形して $\{x,y,z\}^T$ を $\{x,y,z,1\}^T$，$\{x',y',z'\}^T$ を $\{x',y',z',1\}^T$ のように1を4つ目の座標に加えると

$$\begin{Bmatrix} x \\ y \\ z \\ 1 \end{Bmatrix} = \begin{bmatrix} \cos\theta_{xx'} & \cos\theta_{xy'} & \cos\theta_{xz'} & x_0 \\ \cos\theta_{yx'} & \cos\theta_{yy'} & \cos\theta_{yz'} & y_0 \\ \cos\theta_{zx'} & \cos\theta_{zy'} & \cos\theta_{zz'} & z_0 \\ 0 & 0 & 0 & 1 \end{bmatrix} \begin{Bmatrix} x' \\ y' \\ z' \\ 1 \end{Bmatrix} \tag{3.58}$$

とかくことができる．この形を用いると，平行移動を伴うような移動も回転移動のようにマトリックスを用いて表すことができ，とても便利である．これは式(3.41)を

$$\begin{Bmatrix} \boldsymbol{r}_P \\ 1 \end{Bmatrix} = \begin{bmatrix} A & \boldsymbol{r} \\ 0 & 1 \end{bmatrix} \begin{Bmatrix} \boldsymbol{s}'_P \\ 1 \end{Bmatrix} \tag{3.59}$$

とかき直したことに相当する (ただし, $\boldsymbol{r} = \{x_0, y_0, z_0\}^T$ である). ここで $\{x, y, z, 1\}^T$ のように示される座標は**同次座標** (**homogeneous coordinates**) とも呼ばれる.

[例題 3.1] 図 3.11 のようなロボットアームを考える. アームは最初図 3.11(a) のように y 軸上にあるものとする. このアーム全体が y 軸まわりに θ だけ回転し, その後アーム先端部分が x_2 軸まわりに ϕ だけ回転し, 図 3.11(b) のようになったとする. このとき, $x_1y_1z_1$ 座標系から xyz 座標系, $x_2y_2z_2$ 座標系から $x_1y_1z_1$ 座標系, $x_3y_3z_3$ 座標系から $x_2y_2z_2$ 座標系の変換マトリックスをそれぞれ示し, アーム先端の点 Q の xyz 座標系での座標を示せ. ただしアームの長さはそれぞれ a, b とし, アームの幅や厚みは無視できるものとする.

(解) 基準座標系で点 Q の座標を局所座標系を介さずに求めるのは難しいので図 3.11(b) に示すように xyz 座標系から, $x_1y_1z_1$ 座標系, $x_2y_2z_2$ 座標系, $x_3y_3z_3$ 座標系へと移動を考える. その後 $x_3y_3z_3$ 座標系での点 Q の座標を考え, 基準座標系の座標に変換することを考える.

図 3.12 に示すように, xyz 座標系を y 軸まわりに θ 回転すると, $x_1y_1z_1$ 座標系となる. 次に $x_1y_1z_1$ 座標系を y_1 軸方向に a 平行移動すると, $x_2y_2z_2$ 座標系となる. さらに $x_2y_2z_2$ 座標系を x_2 軸まわりに ϕ 回転すると, $x_3y_3z_3$ 座標系となる. $x_1y_1z_1$ 座標系から xyz 座標系, $x_2y_2z_2$ 座標系から $x_1y_1z_1$ 座標系, $x_3y_3z_3$ 座標系から $x_2y_2z_2$ 座標系の変換マトリックスをそれぞれ D_1, D_2, D_3 とすると

$$D_1 = \begin{bmatrix} \cos\theta & 0 & \sin\theta & 0 \\ 0 & 1 & 0 & 0 \\ -\sin\theta & 0 & \cos\theta & 0 \\ 0 & 0 & 0 & 1 \end{bmatrix}, \quad D_2 = \begin{bmatrix} 1 & 0 & 0 & 0 \\ 0 & 1 & 0 & a \\ 0 & 0 & 1 & 0 \\ 0 & 0 & 0 & 1 \end{bmatrix}, \quad D_3 = \begin{bmatrix} 1 & 0 & 0 & 0 \\ 0 & \cos\phi & -\sin\phi & 0 \\ 0 & \sin\phi & \cos\phi & 0 \\ 0 & 0 & 0 & 1 \end{bmatrix} \tag{3.60}$$

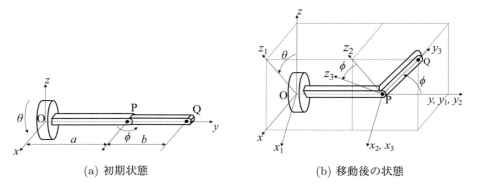

(a) 初期状態　　(b) 移動後の状態

図 3.11　ロボットアームの一例

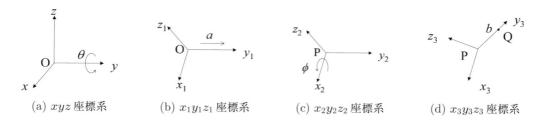

(a) xyz 座標系　(b) $x_1y_1z_1$ 座標系　(c) $x_2y_2z_2$ 座標系　(d) $x_3y_3z_3$ 座標系

図 3.12 ロボットアームの局所座標系

と表される．$x_3y_3z_3$ 座標系ではアームの先端の変位は $(0,b,0)$（もしくは $(0,b,0,1)$）とかけるので xyz 座標系では (x,y,z)（もしくは $(x,y,z,1)$）とすれば

$$\begin{Bmatrix} x \\ y \\ z \\ 1 \end{Bmatrix} = D_1 D_2 D_3 \begin{Bmatrix} 0 \\ b \\ 0 \\ 1 \end{Bmatrix} = \begin{Bmatrix} b\sin\phi\sin\theta \\ b\cos\phi + a \\ b\sin\phi\cos\theta \\ 1 \end{Bmatrix} \quad (3.61)$$

となる．（各自確かめよ）

注意：この例題では座標軸を指定されているが，局所座標系のとり方は一意ではなく自由にとることができる．状況に応じて適切な局所座標系を見つける必要がある．xyz 座標系から $x_1y_1z_1$ 座標系への移動を考えるが，座標変換マトリックスは $x_1y_1z_1$ 座標系の座標から xyz 座標系の座標への変換であることに注意されたい．また，座標変換の順番は重要であり，一般には同じ座標変換の組み合わせでも順番を変えると最終の局所座標系の座標が同じでも基準座標系では違う点に変換されてしまうので，どの順番で変換するかは十分に注意する必要がある．

3.3　球面4節リンク機構

空間運動機構の1つとして**球面4節リンク機構**がある．これの代表例として図 3.13(a) のような機構を考える．これは**自在継手**(universal joint) または**フック継手**(Hooke's joint) と呼ばれ，斜めに交わる2つの軸の間に回転を伝える機構である．リンク a の軸とリンク c の軸との成す角を α とする．リンク a, c の端は二股になっていて中央の十字型のリンク b にまわり対偶で結ばれている．機構を簡単化すると図 3.13(b) のようになり，球の中心に対して 90 deg をはるリンク a, b, c によって作られているものと考えることができる．

今，球の半径を r とする．最初，点 B は z 軸上に，点 C は xyz 座標系を z 軸まわりに角度 α だけ回転した $x_1y_1z_1$ 座標系の x_1 軸上にあるとする．すると，xyz 座標系では B$(0,0,r)$, C$(r\cos\alpha, r\sin\alpha, 0)$

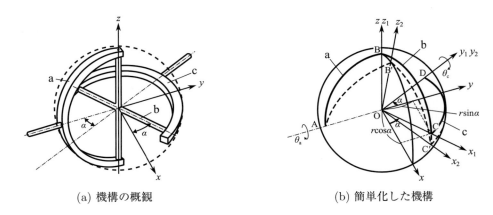

(a) 機構の概観　　　　(b) 簡単化した機構

図 3.13　自在継手（フック継手）

となる．次に入力軸が θ_a，出力軸が θ_c だけ回転し，点 B は点 B′ に，点 C は点 C′ に移動したものとする．このとき，点 B は xz 平面上で，中心が原点，半径が r の円周上を動き，B′$(r\sin\theta_a, 0, r\cos\theta_a)$ に移る．次に点 C の移る先 C′ の座標を考える．ここで，前に述べた座標変換を用いる．$x_1 y_1 z_1$ 座標軸は xyz 座標を z 軸まわりに角 α 回転している．点 C は前述したように x_1 軸上にある．また C の回転軸方向と y_1 軸が一致する．この $x_1 y_1 z_1$ 座標系をさらに y_1 軸まわりに θ_c 回転した座標系を $x_2 y_2 z_2$ 座標系とする．点 C′ は x_2 軸上にあり，$x_2 y_2 z_2$ 座標系上では $(r, 0, 0)$ となる．これより xyz 座標系上での点 C′ の座標 (x_c, y_c, z_c) は

$$\begin{Bmatrix} x_c \\ y_c \\ z_c \\ 1 \end{Bmatrix} = \begin{bmatrix} \cos\alpha & -\sin\alpha & 0 & 0 \\ \sin\alpha & \cos\alpha & 0 & 0 \\ 0 & 0 & 1 & 0 \\ 0 & 0 & 0 & 1 \end{bmatrix} \begin{bmatrix} \cos\theta_c & 0 & \sin\theta_c & 0 \\ 0 & 1 & 0 & 0 \\ -\sin\theta_c & 0 & \cos\theta_c & 0 \\ 0 & 0 & 0 & 1 \end{bmatrix} \begin{Bmatrix} r \\ 0 \\ 0 \\ 1 \end{Bmatrix} = \begin{Bmatrix} r\cos\alpha\cos\theta_c \\ r\sin\alpha\cos\theta_c \\ -r\sin\theta_c \\ 1 \end{Bmatrix} \quad (3.62)$$

となることから，点 C′ の座標は C′$(r\cos\alpha\cos\theta_c, r\sin\alpha\cos\theta_c, -r\sin\theta_c)$ とかける．ここで常に $\overrightarrow{OB} \perp \overrightarrow{OC}$ であることから

$$\overrightarrow{OB'} \cdot \overrightarrow{OC'} = r^2 \sin\theta_a \cos\alpha \cos\theta_c - r^2 \cos\theta_a \sin\theta_c = 0 \quad (3.63)$$

となる．これより

$$\tan\theta_a \cos\alpha = \tan\theta_c \quad (3.64)$$

が得られる．これが入力軸と出力軸の回転角の関係式となっている．これを微分すると

$$\frac{\cos\alpha}{\cos^2\theta_a}\dot{\theta}_a = \frac{1}{\cos^2\theta_c}\dot{\theta}_c \quad (3.65)$$

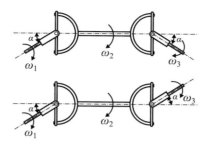

図 3.14 2つの自在継手を用いた等速回転の伝達方法

が得られる．ここで，$\omega_a = \dot{\theta}_a$, $\omega_c = \dot{\theta}_c$ を用い，再度式 (3.64) を用いると

$$\omega_c = \frac{\cos^2 \theta_c}{\cos^2 \theta_a} \cos \alpha \, \omega_a = \frac{\cos \alpha}{\cos^2 \theta_a (\tan^2 \theta_c + 1)} \omega_a = \frac{\cos \alpha}{\cos^2 \theta_a (\cos^2 \alpha \tan^2 \theta_a + 1)} \omega_a$$
$$= \frac{\cos \alpha}{\cos^2 \theta_a + \cos^2 \alpha \sin^2 \theta_a} \omega_a \tag{3.66}$$

となる．リンクaが等速回転しても $\alpha = 0$ deg を除き出力軸cは等速とはならず，速度に変動があることがわかる．

このような問題に対しては図 3.14 のように，3 つの軸が同じ平面上にのるようにし，かつ 2 つの継手のなす角を等しくするように 2 つの継手をつないで使用すると等速の回転運動を伝達することができる．

3.4 ジャイロ効果

発電機や洗濯機など回転することにより仕事をなす機械が多くある．これらの機械では回転体は軸受で支えられており，回転体と軸受の関係について考えることは重要である．

ある軸まわりに回転している剛体 (ジャイロ) をそれとは異なる非平行な軸まわりに回転させようとしたときに剛体から支持部の軸受に作用するトルクを**ジャイロモーメント** (gyro moment もしくは **gyroscopic moment**) と呼ぶ．このモーメントにより，回転運動が起こることを**ジャイロ効果** (**gyro effect**) という．ジャイロモーメントは軸が常にその地点の北を指すようにした装置や，船や飛行機の横揺れを防ぐ安定化装置の基本原理になっている．

図 3.15 に示すように高速回転している円板を考えよう．ξ, η, ζ 軸を図 3.15 のようにとり，各軸まわりの慣性モーメントを I_ξ, I_η, I_ζ とする．円板は ξ 軸 (**スピン** (spin) 軸と呼ぶ) まわりに角速度 ω_s で回転している．今，この円板の η 軸まわりにトルク T が加えられたとき，**歳差運動** (**precession**) といわれる円板の向きが変化する回転運動が ζ 軸まわりに起こる (ζ 軸を歳差運動軸と呼ぶ)．また逆にジャイロを ζ 軸まわりに回転させると η 軸まわりのトルクが発生する．歳差運

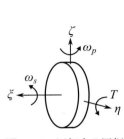
図 3.15 回転する円板

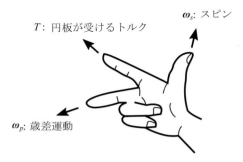
図 3.16 右手の法則

動の角速度を ω_p とすると

$$T = I_\xi \omega_p \omega_s \tag{3.67}$$

なる関係がある．このスピン，歳差運動，トルクの向きは図 3.16 のように右手の親指の方向がスピンの向き，人差し指の方向が軸 (円板) にかかるトルク，中指の方向が歳差運動の向きであると記憶すればよい．これは**右手の法則**と呼ばれる．ここで回転やトルクの向きは右ねじを回したときのねじの進む方向である．このトルクの反作用となる，円板から軸受へ作用するトルクがジャイロモーメントである．

これらの関係は剛体の重心まわりの回転運動を表す基礎式であるオイラーの方程式からも導くことができるが，それについては他書を参照されたい．

これに関して次の例題を考えよう．

[**例題 3.2**] 図 3.17 に示すような軸受で支えられた回転円板を考える．この円板は η 軸まわりに一定の角速度 ω で回転する．この回転円板を ζ 軸まわりに一定の角速度 Ω で回転させる場合軸受に加わるモーメントを求めよ．ただし，ξ, η, ζ 軸まわりの慣性モーメントをそれぞれ I_ξ, I_η, I_ζ とする．

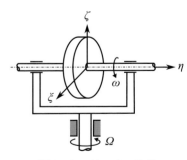
図 3.17 ジャイロ効果

(**解**) スピン軸は η 軸,歳差運動軸は ζ 軸であることから右手の法則より円板の受けるトルクの方向は $-\xi$ 軸方向となる.その大きさは $I_\eta \omega \Omega$ である.これより軸受にかかるトルクはその大きさは $I_\eta \omega \Omega$ で,ξ 軸方向となる.

演習問題

3.1 図 3.18 に示すような円筒面上の曲線 $x = r_0 \cos\theta$, $y = r_0 \sin\theta$, $z = p \sin\theta$, $\theta = \omega t$ に沿う運動を考える.この曲線上の点 P の速度と加速度を xyz 座標系,および円柱座標系(半径方向,円周方向,垂直方向)で示せ.また,点 P の z 方向変位が最大となるときの加速度の大きさはいくらか.ここで r_0, p は定数とする.

3.2 図 3.19 のような $r = \mathrm{OP}$ の長さのアームをもつクレーンがある.鉛直軸まわりに一定の速度 $\omega = \dot\theta$ で回転している.同時に,アームは $\dot\beta = $ 一定で高さをあげ,$\dot r = $ 一定で伸びている.このとき次の問いに答えよ.

(1) 座標系の回転角速度のベクトル $\boldsymbol{\omega}$ を球座標の単位ベクトル $(\boldsymbol{i}_r, \boldsymbol{i}_\phi, \boldsymbol{i}_\theta)$ と ω, β, $\dot\beta$ を用いて式で表せ.ただし $\boldsymbol{i}_\theta$ は紙面奥行きとする.

(2) アームの先端の位置ベクトル $\boldsymbol{r}$ とその速度 $\dot{\boldsymbol{r}}$ を球座標系で示せ.

(3) 鉛直軸まわりに毎分 2 回転の一定の割合で回転しているとし,アームが $\beta = 60\,\mathrm{deg}$, $\dot\beta = 3.6\,\mathrm{deg/s}$, $r = 5\,\mathrm{m}$, $\dot r = 0.3\,\mathrm{m/s}$ のときの $\dot{\boldsymbol{r}}$ の大きさはいくらとなるか,数値で答えよ.

3.3 図 3.20 のようなロボットアームについて次の問いに答えよ.

(1) アーム先端 P の位置 (x, y, z) を (r, ϕ, θ) を用いて表せ.ただし,θ は x 軸からの水平面旋回角,ϕ は z 軸からの上下振り角とする.

(2) アーム先端の速度 $(\dot x, \dot y, \dot z)$ を示せ.

(3) $(x, y, z) = (0.5, 0.5, 0.8)$ となるようにアームを設定するためには (r, ϕ, θ) をどのようにとればよいか.

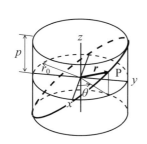

図 3.18 円筒上の点の移動

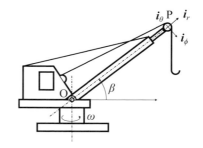

図 3.19 クレーンの運動

3.4 図 3.21 に示す多関節ロボットがある．ϕ_1 は X_0 軸からの角度，ϕ_2 は水平面からの角度，ϕ_3 は ϕ_2 からの相対角度とする．$\phi_1 = 0$, $\phi_2 = 0$, $\phi_3 = 0$ のときアーム先端は $(r_2 + r_3, 0, r_1)$ にあるものとする．このとき次の問いに答えよ．

(1) アーム先端の点 P の位置を示せ．

(2) このアーム先端は基準座標系 (X_0, Y_0, Z_0) での座標点 $(0.4\,\mathrm{m}, 0.5\,\mathrm{m}, 0.6\,\mathrm{m})$ の位置にある物体に届くか．届く場合 ϕ_1, ϕ_2, ϕ_3 を示せ．ただし，$r_1 = 0.1\,\mathrm{m}$, $r_2 = r_3 = 0.5\,\mathrm{m}$ とする．

3.5 図 3.22 に示す水平面内で左旋回，または右旋回する航空機に働くプロペラのジャイロ作用を考察せよ．ただしプロペラは航空機の進行方向に対して右ねじの向きに回転するものとする．

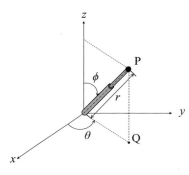

図 3.20　アーム

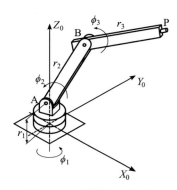

図 3.21　多関節ロボット

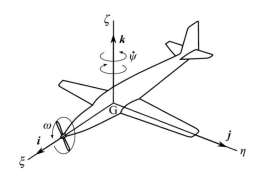

図 3.22　航空機のジャイロ作用

4 カム機構

> 第3章までは,主として,リンク機構を取り上げて,その運動解析手法を述べてきた.しかし,機械を構成する機構には,種々のものがある.
> 本章では,カム機構について,種類や特徴,設計上の考え方について示す.

4.1 カム機構とは

カム機構 (cam mechanism) とは,自動車のエンジンなど日常生活に用いる機械でも多用されておりなじみのある機構で,1つのまわり対偶と1つの点対偶をもつ機構である.また,カム機構は,力の伝達や摩耗という観点からはやや劣るが,設計の自由度が大きいという利点をもち,**カム** (cam) と呼ばれる**原動節**とそれに従って動く**従動節**の2つの機素から構成されている.ここでは,カム機構の定義や種類を示し,次に,基本的なカムの設計上の考え方について示す.また,従動節が高速で運動する場合におけるとび上がりについても検討する.

図4.1に,カムの一例を示す.これは,設計・製作が最も簡単なもので,点Oまわりに回転可能な特殊な形状の板Aと,それに接しかつ上下方向にスライド可能な棒B,それらを支持する固定枠Cから成る.この機構で,原動節である板Aを点Oまわりに回転させると,従動節である棒Bは板Aの形状に応じて上下に運動する.このように,カム機構では,原動節の板Aに特殊な形状を付与することで,従動節Bに目標とする運動をさせることができる.従動節を**フォロワー** (follower) ともいう.通常はこのような構造であるが,特殊なケースとしては,従動節にカムを用いることもある.カムとフォロワーは,一般にすべりと回転の両方の自由度をもつ対偶をなすが,そのために摩耗しやすいという欠点がある.なお,この欠点を解決するために,接触点にローラを設置することもある.

第4章 カム機構

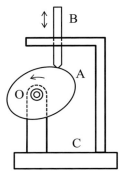

図 4.1 カム機構の例

　ここでは，カムの形状が既知の場合に従動節はどのような運動をするか，あるいは逆に，目標とする運動をさせるためにはどのようなカム形状の設計をすればよいかについて考えよう．

4.2 カム機構の種類

　カム機構には多くの種類があるが，大きな分類をすると，各節が平面内で運動する**平面カム** (plane cam) と各節が3次元空間内で運動する**立体カム** (three-dimensional cam) に分けられる．

4.2.1 平面カム

平面カムには，板カム，正面カム，直動カム，反対カムなどがある．

(1) 板カム

　特殊な輪郭曲線をもった板を回転させて，板に接する従動節に目標とする往復運動または揺動運動をさせるものを**板カム** (plate cam) という．図 4.2 に板カムの例を示す．このうち，従動節の形状によっては，**ローラカム**，**きのこ形カム**，**揺動カム**とも呼ばれる．なお，カムの回転中心と従動節の往復運動の軸がずれている場合を，**かたよりカム** (offset cam) という．

(2) 正面カム

　図 4.3 に**正面カム** (face cam) の例を示す．このように，板の側面に板カムの輪郭曲線に相当する溝を切り，この溝に従動節の先端を入れたものであり，板カムに比べて従動節の運動をより確実にすることができる．

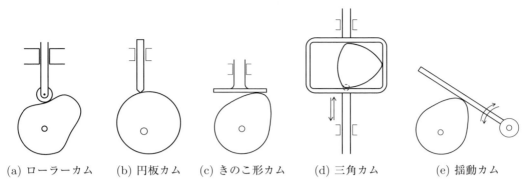

図 4.2　板カムの例
(a) ローラーカム　(b) 円板カム　(c) きのこ形カム　(d) 三角カム　(e) 揺動カム

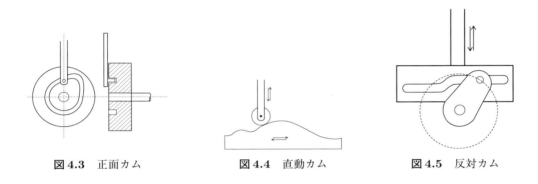

図 4.3　正面カム　　図 4.4　直動カム　　図 4.5　反対カム

(3) 直動カム

図 4.4 に**直動カム** (translation cam) の例を示す．直動カムとは，ある特殊な輪郭をもったカムの直線往復運動により，従動節に目標とする往復運動をさせるものである．

(4) 反対カム

図 4.5 に**反対カム** (inverse cam) の例を示す．一般的なカムは原動節に特殊な形状をもたせているのに対し，反対カムは，従動節に特殊な形状をもたせたものをいう．

4.2.2　立体カム

立体カムとは，カムの輪郭曲線が立体的になるもののことをいい，図 4.6 に示すように，**円柱カム** (cylindrical cam) （あるいは，円筒カム），**円錐カム** (conical cam)，**球面カム** (spherical cam)，**端面カム** (end cam)，**斜板カム** (swash plate cam) などがある．円柱カム，円錐カム，球面カムを合わせて**実体カム** (solid cam) ともいう．

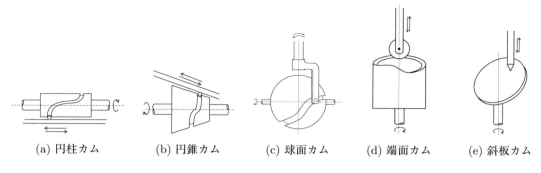

(a) 円柱カム　　(b) 円錐カム　　(c) 球面カム　　(d) 端面カム　　(e) 斜板カム

図 4.6　立体カムの例

(1) 円柱カム
円柱（あるいは，円筒）の周囲に特殊な形状の溝を切り，その溝に従動節の突起を入れたもので，従動節の往復運動は円柱の回転軸と平行である．

(2) 円錐カム
円錐の周囲に特殊な形状の溝を切り，その溝に従動節の突起を入れたもので，従動節の往復運動は円錐の回転軸とある角度をなす．

(3) 球面カム
球面の周囲に特殊な溝を切ったもので，原動節の球が回転すると従動節が揺動するものである．

(4) 端面カム
円柱（あるいは，円筒）の端面に特殊な形状を与えたもので，従動節は形状に従って往復運動をする．

(5) 斜板カム
円板を回転軸に対して斜めに取り付けたもので，円板の回転により従動節は往復運動をする．

4.2.3　確動カム

図 4.2 に示すローラーカム，円板カム，きのこ形カム，揺動カムなどでは，後述の輪郭曲線の動径が減少していくとき，従動節は重力またはばね力によってカムに押し付けなければカムの輪郭曲線に追従できない．しかし，三角カム，正面カム，円柱カム，円錐カムなどでは，重力やばね力の助けがなくても確実に追従することができる．このようなカムを，**確動カム** (positive cam) と呼ぶ．

4.3 カム線図

カム機構の設計を行うには，従動節に所定の運動（変位，速度，加速度）を行わせるために，原動節であるカムの形状，すなわち**輪郭曲線**をどのようにすればよいのか，を考える必要がある．すなわち，カムの回転角（直動カムでは変位）と各瞬間における従動節の位置の関係を求め，図示する必要がある．この線図を，**カム線図 (cam chart or cam diagram)** という．図4.7に示すように，縦軸に従動節の変位をとり，横軸にカムの回転角（直動カムでは，変位）をとった**変位曲線**のことをカム線図ということが多い．なお，この曲線のことを**基礎曲線 (base curve)** ともいう．もし，カムが一定の角速度で回転する場合は，横軸は時間に置き直すこともできる．そのとき，縦軸は変位であるので，1回時間で微分した図が速度を与え，さらにもう1回時間で微分した図が加速度を与える．それらを**速度曲線，加速度曲線**という．変位曲線における θ に対する変位量を，**リフト (lift)** という．従動節の変位量は，図4.7に示す半径 r_0 の円と輪郭曲線との半径方向の距離 $h(\theta)$ である．この円を**基礎円 (base circle)** という．

このとき，輪郭曲線をカムの中心 O からの距離 $r(\theta)$ として表すと，以下の式となる．

$$r(\theta) = r_0 + h(\theta) \tag{4.1}$$

したがって，輪郭曲線上の任意の点 P の x, y 座標は以下の式で与えられる．

$$\begin{cases} x_\mathrm{P} = r(\theta) \sin\theta \\ y_\mathrm{P} = r(\theta) \cos\theta \end{cases} \tag{4.2}$$

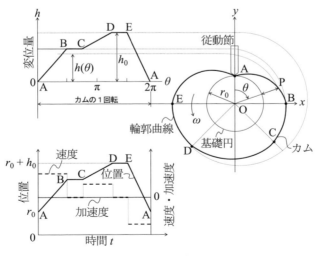

図 4.7　カム線図

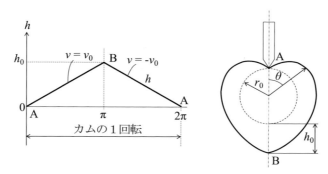

図 4.8　従動節が等速運動をする場合

4.3.1　従動節が等速運動をする場合のカム線図

従動節の変位，速度をそれぞれ，h, v_0 とすると，等速運動をしているので

$$v_0 = \frac{dh}{dt} \tag{4.3}$$

これを積分すると

$$h - 0 = v_0 t \quad (初期変位は 0) \tag{4.4}$$

カムが一定の角速度で回転している場合は，回転角度 θ は，$\theta = \omega t$（初期角度はゼロとする）である．また，従動節の変位量 h は，カムの基礎円から輪郭曲線までの距離に等しいので，基礎円の半径を r_0 とすると，従動節の軸線がカムの回転中心を通るとき，式 (4.4) から，以下の式が得られる．

$$r - r_0 = v_0 t = \frac{v_0}{\omega}\theta$$
$$\therefore \quad r = r_0 + \frac{v_0}{\omega}\theta \tag{4.5}$$

この式は，アルキメデスのらせんと呼ばれる式である．カムの最初の半回転では正の速度で等速運動し，次の半回転では負の等速運動をするとき，そのカム曲線とカムの輪郭曲線は，図 4.8 のようになる．この形状のカムをハート形カムという．

4.3.2　従動節が等加速度運動をする場合のカム線図

加速度を $\alpha = 2c$ とすると，速度，変位は初期条件をゼロとするとそれぞれ

$$\begin{cases} v = 2ct \\ h = ct^2 \end{cases} \tag{4.6}$$

となる．したがって，速度線図は時間に対して直線となり，変位線図は時間に対して放物線を描く．カムが一定の角速度で回転する場合は，時間とカムの回転角度は比例するので，時間 t を θ で置き直し，式 (4.6) の曲線を基礎円の周囲に巻き付ければ，カムの輪郭曲線が得られる．

なお，図 4.8 のような場合，従動節は急激な速度や加速度変化を伴うため，高速で運動する場合には衝撃的な力を発生したりすることがある．そのため変位曲線において，角ばった部分を滑らかにする方法がとられることが多い．このようにした曲線を**緩和曲線**という．

4.3.3 板カムの輪郭曲線の描き方

(1) 従動節が直線往復運動をする場合

従動節が直線往復運動をする場合の輪郭曲線の描き方について示す．ここでは，特に従動節が尖った先端をもち，かつ軸上にカムの回転中心がある場合を考える．図 4.9 のカム線図に示すように，横軸にカムの角度をとった線図をある角度で細かく分割し，ある角度 θ における従動節の変位を求めておく．次に右側の図のように，角度 θ 回転させたところにカム中心を通る直線を引いておき，先に求めた従動節の変位量を基礎円の上に加えた点を求める．この手順を，分割したすべての角度で繰り返し，点を結ぶことによりカムの輪郭曲線を得ることができる．

(2) 従動節がローラをもつ場合

図 4.10 に破線で示すように，図 4.9 と同じ要領で，まず従動節が尖った先端をもつと仮定して輪郭曲線を引いておく．次に，その輪郭曲線上に中心をもち，ローラと同じ半径をもつ円を多数描き，その円に内接する曲線を描けば，カムの輪郭曲線を得ることができる．

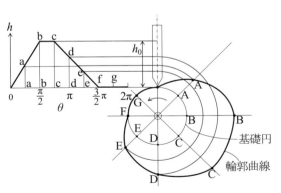

図 4.9 従動節が直線往復運動をする場合のカムの輪郭曲線の描き方

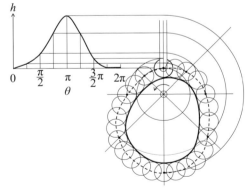

図 4.10 従動節がローラをもつ場合のカムの輪郭曲線の描き方

4.4 カムと従動節の運動の関係

4.4.1 カムの回転運動を従動節の直線往復運動に変換する場合

図 4.11 のように，従動節がカムの輪郭曲線と点 P で接触しており，カムは，中心点 O まわりに角速度 ω で反時計方向に回転しているとする．点 P での輪郭曲線の接線を t，法線を n とし，従動節の上下方向速度，カムの点 P での回転方向速度をそれぞれ，v_f，v_p とする．また，カムの回転中心は従動節の軸とは水平方向に e だけずれているとする．

速度 v_f を接線方向と法線方向に分解したものを，それぞれ v_ft，v_fn とし，同様に，v_p を分解したものを，それぞれ v_pt，v_pn とする．従動節がカムから離れたり，食い込んだりせず常に接触を保つためには，法線方向速度は両者で一致しないといけないから，$v_\mathrm{fn} = v_\mathrm{pn}$ が成り立たなければならない．v_f，v_p が法線方向となす角を，β，α とすると

$$\begin{cases} v_\mathrm{pn} = v_\mathrm{p} \cos\alpha = \omega r \cos\alpha \\ v_\mathrm{fn} = v_\mathrm{f} \cos\beta \end{cases} \tag{4.7}$$

であるから

$$\omega r \cos\alpha = v_\mathrm{f} \cos\beta \tag{4.8}$$

が成り立つ．したがって

$$\frac{v_\mathrm{f}}{\omega} = \frac{r\cos\alpha}{\cos\beta} = \frac{\overline{\mathrm{OM}}}{\cos\beta} = \overline{\mathrm{OQ}} \tag{4.9}$$

が得られる．この関係は，中心軸のずれの有無や輪郭曲線の形状には関係なく成り立つことがわかる．

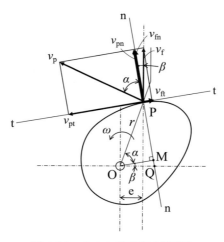

図 4.11 カムと従動節の速度比

4.4.2 カムの回転運動を従動節の揺動運動に変換する場合

図4.12のように，従動節がカムと点Pで接触しておりカムの回転に従って揺動する場合を考える．カムは角速度ω_cで回転運動をしており，従動節は角速度ω_fで揺動しているとき，これら角速度の関係について検討する．点Pにおける輪郭曲線に対する接線をt，それに対する法線をnとする．カムの点Pにおける回転方向速度，従動節の点Pにおける回転速度をそれぞれ，v_p, v_fとし，それらを接線方向と法線方向に分解したものを，それぞれ，v_pt, v_pn, $v_\mathrm{ft}\,(=v_\mathrm{f})$, $v_\mathrm{fn}\,(=0)$とする．カムと従動節はすべり接触運動をしているので，法線方向の速度は等しくなければならない．したがって，$v_\mathrm{fn}=v_\mathrm{pn}$となる．また，図より次の関係が成り立つ．

$$\begin{cases} v_\mathrm{pn} = v_\mathrm{p}\cos\alpha = \omega_\mathrm{c}\overline{\mathrm{O_1P}}\cos\alpha \\ v_\mathrm{fn} = \omega_\mathrm{f}\overline{\mathrm{O_2P}} \end{cases} \tag{4.10}$$

したがって

$$\omega_\mathrm{c}\overline{\mathrm{O_1P}}\cos\alpha = \omega_\mathrm{f}\overline{\mathrm{O_2P}} \tag{4.11}$$

より

$$\frac{\omega_\mathrm{c}}{\omega_\mathrm{f}} = \frac{\overline{\mathrm{O_2P}}}{\overline{\mathrm{O_1P}}\cos\alpha} = \frac{\overline{\mathrm{O_2N}}}{\overline{\mathrm{O_1N}}} \tag{4.12}$$

となる．

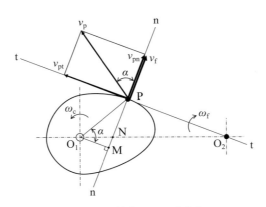

図 4.12 揺動カムの速度比

4.5 カム形状とカムに作用する力

4.5.1 圧力角とカムの回転条件

図 4.11 において,接触点 P には従動節から自重やばねによる押し付け力が作用し,それに伴って接線方向に摩擦力が作用する.この摩擦力が非常に大きいと従動節は滑ることができないため,上下運動ができないうえにカムから非常に大きな力が接線方向に作用し損傷に至る危険性がある.この摩擦力はカムの形状に大きく依存するため,カムの設計においては十分注意しておく必要がある.

そこで,図 4.13 のように,カムにトルク T が作用し,従動節の上から自重もしくはばねによる押し付け力 F が作用しているとする.点 P において従動節に作用する力を考える.N は法線方向の抗力,F_P は接線方向の摩擦力であり,R はこれらの合力である.また,F_a は固定節から従動節が受ける抗力である.この図において,従動節と法線方向とのなす角度 β は**圧力角**と呼ばれるものであり,従動節の滑らかな運動を支配する重要な角度である.

カムと従動節の間の摩擦係数を μ とすると,F_P と N は次式の関係がある.

$$F_P = \mu N, \quad \tan\phi = F_P/N \tag{4.13}$$

また,従動節の軸方向の力のつり合いを考えると次式が得られる.

$$F = R\cos(\beta + \phi) \tag{4.14}$$

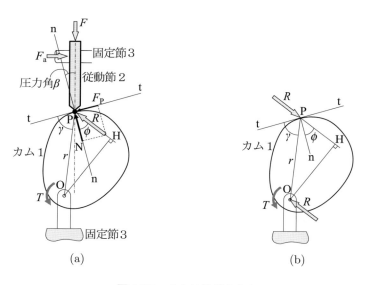

図 4.13 カムに作用する力

次に，カムに作用する力のつりあいを考える．図 4.13(b) はカムに作用する力を示したものである．点 P には，従動節から反力 R が作用している．点 O にはそれとバランスするように固定節から反力 R が作用する．T はカムを回転させようとするトルクであるので，点 O まわりのモーメントのつり合いから

$$T = R \times \overline{\mathrm{OH}} = R \times r\sin(\pi/2 - \gamma + \phi)$$
$$= Rr\cos(\gamma - \phi) \tag{4.15}$$

が得られる．ここで，γ は接線 t と線分 OP のなす角である．式 (4.13)〜式 (4.15) より，トルク T は以下のように書き直すことができる．

$$T = Fr\frac{\cos\gamma + \mu\sin\gamma}{\cos\beta - \mu\sin\beta} \tag{4.16}$$

この式から，$\cos\beta = \mu\sin\beta$ となると従動節を動かすためには無限大のトルクが必要になることがわかる．したがって，カムの設計においては，できるだけ圧力角 β を小さくする必要があることがわかる．通常，カムの回転速度が 100 rpm 以下の低速度でかつ押し付け力 F が小さい場合は 45° 以下にし，高速度あるいは押し付け力が大きい場合は 30° 以下に制限されている．

また，カムの形状は，基礎円に変位曲線を巻き付けることで作成でき，基礎円の半径の大きさには無関係で，同一の従動節の運動が得られる．しかし，図 4.14(a), (b) に示すように，基礎円が小さくなると圧力角が大きくなることがわかる．したがって，基礎円の大きさにも制限があるといえる．なお，図 4.14(c) のように，従動節の軸線が基礎円の中心を通りかつカムの輪郭曲線が基礎円の同心円状にある場合は，圧力角はゼロとなる．

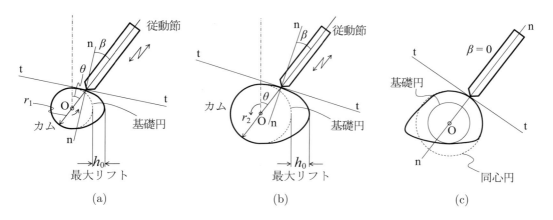

図 4.14 基礎円の半径と圧力角 β の関係

4.5.2 カムの浮き上がり

図 4.15 のようなカム機構で，従動節 B の浮き上がりを防止するために，従動節が天井からばねで下方に押し付けられている場合を考える．ばね定数，従動節の質量，変位をそれぞれ，k, m, x とする．x は，最下点を原点として上向きにとっており，$x = s(1 - \cos \omega t)$ として表されるものとする．また，最下点での押し付け力を F_0 とする．板カムは，角速度 ω で回転しているとする．すなわち，回転角は，$\theta = \omega t$ で表されるとする．なお，従動節の自重，従動節と板カムの間の摩擦力は無視できるとする．

板カムから従動節に与える力を F とすると，従動節の運動方程式は以下となる．

$$m\ddot{x} + kx + F_0 = F \tag{4.17}$$

この式に，$x = s(1 - \cos \omega t)$ を代入すると

$$s(m\omega^2 - k)\cos \omega t + ks + F_0 = F \tag{4.18}$$

となる．$m\omega^2 - k \leq 0$ のときは，$\cos \omega t = 1$ で F は最小となり

$$F = s(m\omega^2 - k) + ks + F_0 = sm\omega^2 + F_0 > 0 \tag{4.19}$$

であるから，従動節は浮き上がることはない．

一方，$m\omega^2 - k > 0$ のときは，$\cos \omega t = -1$ で F は最小となり

$$F = -s(m\omega^2 - k) + ks + F_0 = 2ks + F_0 - sm\omega^2 \tag{4.20}$$

であるから，$F < 0$，つまり，$2ks + F_0 - sm\omega^2 < 0$，したがって

$$\omega^2 > \frac{2ks + F_0}{sm} \tag{4.21}$$

を満たすような大きな角速度になると，従動節の浮き上がりが生じることになる．

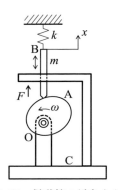

図 4.15 従動節の浮き上がり

演習問題

4.1 図4.8に示すハート型カムにおいて，実用上注意しておくことは何か．

4.2 従動節が図4.16のような動きをするときのh_0, h_2をh_1で表せ．また，リフトhの式を求めよ．さらに，このときの加速度の時間的変化を示せ．なお，点A，点Dで勾配はゼロであり，また，点B，点Cで放物線と直線とでは勾配は等しいとする．

4.3 問4.2において，このような動きをさせるためのカム曲線$r(\theta)$を設計せよ．ただし，図4.17に示すように，$\theta = 0$のときの従動節の先端Aの位置が最下端とする．また，カムは一定角速度ω_0で回転しているとする．

4.4 図4.18の半径Rの円から成る板カムにおいて，(1) リフトhの式，(2) 圧力角βと角度θとの関係，(3) 点O_1まわりのトルクTの式を求めよ．ここで摩擦係数をμとし，従動節は質量がなく，下向きに力Fが作用しているとする．なお，$\theta = 0$のとき，従動節は最下端にあるとする．

4.5 図4.19の板カムにおいて，従動節が跳躍しないようにするには，ばね（ばね定数k）の初期押し付け力F_0（$y = 0$における押し付け力）をいくらにすればよいか．リフトは$y = y_0(1 - \cos\omega t)$の単弦曲線とする．ここで2つのばね定数の等価ばね定数をkとする．

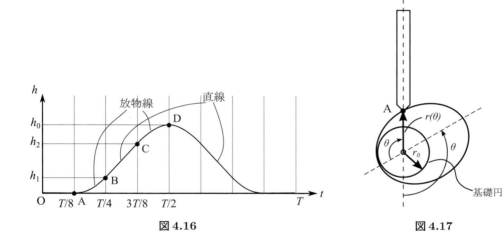

図4.16 図4.17

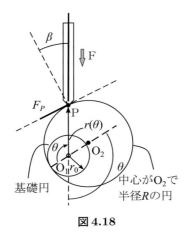

図 4.18

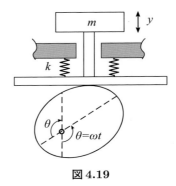

図 4.19

5 歯車機構

> 第4章では，カム機構を取り上げて，その運動解析手法を述べてきた．
> 本章では，機構の中でも最も使用頻度の高い歯車機構について，種類や特徴，設計上の考え方について示す．

5.1 歯車機構の基本

歯車 (gear) は，自動車やからくり人形等にも見られるように，我々に最もなじみのある機構である．また，動力を確実に伝達することができるとともに加速や減速を行うことができるため，多用されている機構であるといえ，古くは紀元前100年ごろまでさかのぼるようである．

2軸の間の回転運動を伝達するのに，第6章で述べる円筒型の車やころがり型の接触車を使うと，十分な接触力がない場合にはお互いにすべりを生じ，力の伝達が不十分となる可能性がある．そこで，これらの接触車のころがり面上に適当な突起を付け，突起と突起のかみ合いによって動力の伝達を確実なものとしたのが歯車である．この突起が，歯車の**歯** (tooth) である．

(1) 歯形の条件

図 5.1 に，2つの歯車が歯を介して接触している状態を示す．この図において，接触点 Q は 2つの歯車の回転中心 O_1, O_2 を結ぶ直線上にあるとは限らない．そして，この接触点は歯車の回転とともに，少しずつずれていく．したがって，接触点ではすべりを伴っていることがわかる．

このような歯の接触状態を一般的な条件で詳しく見たのが，図 5.2 である．2つの節 1, 2 は，点 O_1, O_2 のまわりに角速度 ω_1, ω_2 で回転し，点 Q で接触している．点 Q での接線を t，法線を n とし，このときの角速度比を求めてみる．

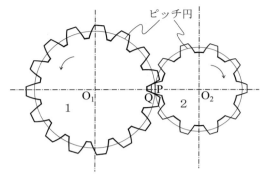
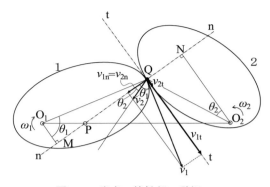

図 5.1　歯車の接触した状態　　　　図 5.2　歯車の接触部の詳細

点 Q におけるそれぞれの節の回転方向速度 v_1, v_2 の法線方向の分速度は，図より次式となる．

$$\begin{cases} v_{1n} = v_1 \cos\theta_1 = \overline{O_1Q}\omega_1 \cos\theta_1 \\ v_{2n} = v_2 \cos\theta_2 = \overline{O_2Q}\omega_2 \cos\theta_2 \end{cases} \tag{5.1}$$

ここで，2つの節が点 Q で接触して回転するには法線方向速度が等しくなければならない．したがって，

$$v_{1n} = v_{2n} \tag{5.2}$$

であり，式 (5.1), (5.2) から，角速度の比は

$$\alpha = \frac{\omega_2}{\omega_1} = \frac{\overline{O_1Q}\cos\theta_1}{\overline{O_2Q}\cos\theta_2} = \frac{\overline{O_1M}}{\overline{O_2N}} \tag{5.3}$$

となる．また，△O_1MP と △O_2NP は相似形であるので

$$\frac{\overline{O_1M}}{\overline{O_2N}} = \frac{\overline{O_1P}}{\overline{O_2P}} \tag{5.4}$$

であり，角速度比は

$$\alpha = \frac{\overline{O_1P}}{\overline{O_2P}} \tag{5.5}$$

となる．すなわち，すべり接触で動力が伝達されるときの角速度の比は，回転中心から，回転中心を結ぶ線分と接触点における法線との交点までの距離に反比例することがわかる．

以上のことから，歯車によって角速度比を一定に保ちつつ動力を伝達させるには，歯の接触点における法線が，常に歯車の回転中心を結ぶ線分上の定点を通ればよいことがわかる．平歯車（詳細は後述する）を例にとって示すと，図 5.3 に示すように，接触点の法線は常に点 P を通ればよいことになる．なお，このときの2つの円を**ピッチ円**といい，点 P を**ピッチ点**という．

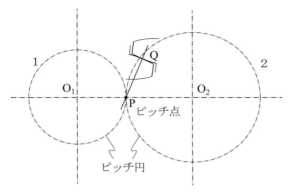

図 5.3 接触点における歯面の法線の方向

次に，図 5.2 において，接線方向の分速度 v_s を求めると次式となる．

$$v_\mathrm{s} = v_{1\mathrm{t}} - v_{2\mathrm{t}} = \overline{\mathrm{O_1Q}}\omega_1 \sin\theta_1 - \overline{\mathrm{O_2Q}}\omega_2 \sin\theta_2$$

$$= \overline{\mathrm{QM}}\omega_1 - \overline{\mathrm{QN}}\omega_2$$

$$= (\overline{\mathrm{MP}} + \overline{\mathrm{PQ}})\omega_1 - (\overline{\mathrm{NP}} - \overline{\mathrm{PQ}})\omega_2$$

$$= (\omega_1 + \omega_2)\overline{\mathrm{PQ}} + \overline{\mathrm{MP}}\omega_1 - \overline{\mathrm{NP}}\omega_2 \tag{5.6}$$

さらに，$\triangle \mathrm{O_1MP}$ と $\triangle \mathrm{O_2NP}$ の相似性と式 (5.3), (5.5) から次式が成立することがわかる．

$$\overline{\mathrm{MP}}\omega_1 - \overline{\mathrm{NP}}\omega_2 = \overline{\mathrm{MP}}(\omega_1 - \omega_2\overline{\mathrm{NP}}/\overline{\mathrm{MP}})$$

$$= \overline{\mathrm{MP}}(\omega_1 - \omega_2\overline{\mathrm{O_2P}}/\overline{\mathrm{O_1P}}) = \overline{\mathrm{MP}}(\omega_1 - \omega_1\overline{\mathrm{O_1P}}/\overline{\mathrm{O_1P}}) = 0 \tag{5.7}$$

したがって，すべり速度は以下となる．

$$v_\mathrm{s} = (\omega_1 + \omega_2)\overline{\mathrm{PQ}} \tag{5.8}$$

すなわち，歯車の歯の接触点では，常に式 (5.8) で表されるすべりが発生していることがわかる．

(2) 歯車各部の名称

ここでは，まず，歯車の各部の名称について示しておく．図 5.4 に概念図を示す．

歯車のかみ合う面を**歯面**といい，ピッチ円より歯先側を**歯末面**，根元側を**歯元面**という．ピッチ円と同心円で，歯先を通る円を**歯先円**，歯底を通る円を**歯底円**という．図に示す h_t, h_r をそれぞれ，**歯末たけ**，**歯元たけ**，$h_\mathrm{t} + h_\mathrm{r}$ を**全歯たけ**という．相手の歯車の歯末たけを h'_t とするとき，$h_\mathrm{r} - h'_\mathrm{t}$ を**頂げき**，$h_\mathrm{t} + h'_\mathrm{t}$ を**有効歯たけ**という．

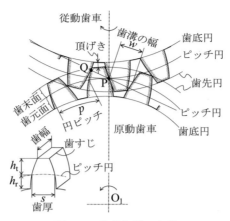

図 5.4 歯車各部の名称

　ピッチ円上での歯と歯の間隔 p を**円ピッチ**，ピッチ円上での歯の厚さ s を**歯厚**，図の w を**歯溝の幅**という．また，相手の歯厚を s' とするとき，$w-s'$ を**バックラッシ**という．バックラッシは，歯車を逆回転させたとき，歯が互いに接触を開始するまでの遊び量となり小さい方がよいが，熱膨張などを考慮するとある程度の大きさがないと歯車の滑らかな回転ができなくなる．

　ピッチ円の直径を d，歯車の歯の総数を z とすると，円ピッチ p は次式となる．

$$p = \frac{\pi d}{z} \tag{5.9}$$

このとき，p は半端な数になるので，直径 d の単位を [mm] で表したときの

$$m = \frac{d}{z} \tag{5.10}$$

を**モジュール**といい，歯車の各部寸法を決めるときの基準とし，各部の寸法をモジュールの倍数で表す．互いにかみ合う1組の歯車では，円ピッチは等しくならなければならないから，モジュールも等しくなる．標準的な歯車では，歯末たけをモジュールに等しくとっている．

5.2 歯車の種類

　歯車には多くの種類があり，実際の機械や機構ではこれらを組み合わせて使うことが多い．ここでは，比較的頻繁に使われる歯車とそれらの特徴について説明する．

　図5.5に代表的なものを示す．図5.5(a)〜(e)までは，歯車の軸が平行な**平行軸歯車**あるいは**円筒歯車 (cylindrical gear)** であり，他の歯車に比べて簡単に製作でき，効率もよいため多用されている．図(f)〜(m)までは，歯車の軸がある角度をもって交差しているものである．以下に，それぞれの特徴について説明する．

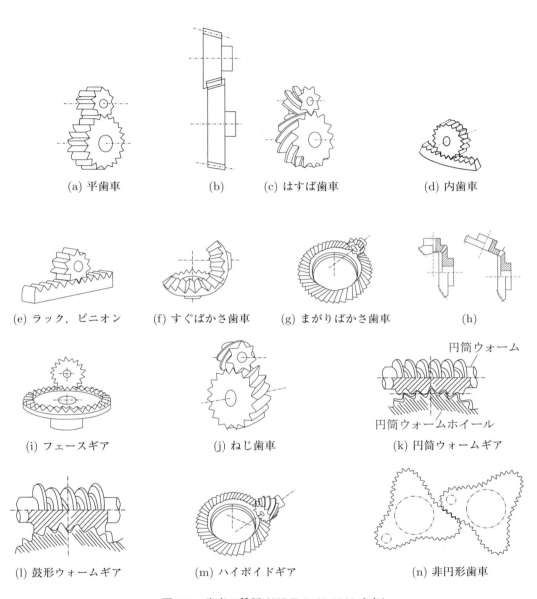

図 5.5 歯車の種類 (JIS B 0102-1966 より)

平歯車 (spur gear)

図 5.5(a) に示すように，円筒側面に歯すじが直線でかつ軸に平行になるように歯を付けたものであり，動力伝達時の歯に作用する力は歯すじに直角となり，軸方向への力の発生はない．また，製作も容易である．

はすば歯車 (helical gear)

図 5.5(b), (c) に示すように，歯すじが軸と傾いている歯車である．これは，薄い平歯車を軸方向に何段も張り合わせてそれらのピッチ円の半径を少しずつ変化させたもの，あるいは回転角度を少しずつずらしたもの，と考えることができる．歯すじが斜めであるため，軸方向の分力が生じるが，かみ合い変動が小さいため，振動・騒音を小さく抑えることができる．図 5.5(c) のはすば歯車を 2 セット用いて，それらを背中合わせに張り付けたものを**やまば歯車**といい，軸方向の分力を相殺することができる．

内歯車

図 5.5(a) の場合は，ピッチ円が外側同士でかみ合っているが（**外かみ合い歯車**），図 5.5(d) のように大きい方のピッチ円筒の内側と小さい方のピッチ円筒がかみ合う**内かみ合い歯車**（あるいは，**内歯車**）もある．いずれの場合も，大きい方の歯車を**大歯車**あるいは**ギア**といい，小さい方の歯車を**小歯車**あるいは**ピニオン (pinion)** という．大歯車のピッチ円筒の半径が無限大になるとピッチ円筒は平面となる．このときの大歯車を**ラック (rack)** といい，図 5.5(e) に示すような歯車となる．

ラック，ピニオン (rack, pinion)

図 5.5(e) の場合は，先に述べたように，内歯車において大歯車のピッチ円筒の半径を無限大にした場合に相当する．ラックの並進運動をピニオンの回転運動に変換することができ，また，その逆の運動伝達も可能である．

すぐばかさ歯車 (straight bevel gear)

図 5.5(f) のように，形状がかさのようになり，歯車の軸はある角度で交差しており，歯すじがピッチ円錐の母線に沿い，かつ頂点に向かっている．また，歯すじは直線ではあるが，ピッチ円錐の頂点を通らないものもあり，はすばかさ歯車と呼ばれるものもある．騒音が小さい特徴がある．

まがりかさ歯車 (curved bevel gear)

図 5.5(g) のように，歯すじが曲線となっており，騒音等は改善されるが，製作は厄介である．

フェース歯車 (face gear)

図 5.5(i) のように，小歯車として平歯車，あるいははすば歯車を用いて，これとかみ合う歯車にピッチ円錐の頂角が 180° をなす（つまり，平面となる）歯車を用いたものである．特殊な工具や歯切り機械が必要となる．

ねじ歯車 (screw gear)

図 5.5(j) に示す歯車は，はすば歯車を 2 つかみ合わせたもので，簡単に入手でき，軽負荷で軸の角度を変えたい場合に用いられる．

ウォームギア (worm gear)

図 5.5(k) に示すように，ねじと歯車を組み合わせたものである．ねじ状にした歯車 (worm) を原動節とし，もう一方の歯車 (worm wheel) を従動節として用いる．減速比を非常に大きくとることができ，また，原動節と従動節を入れ替えると回転はしない，いわゆるロック機能を有するが，効率は少し低くなる．図 5.5(l) のものは，ウォームの形状を鼓型にしたもので，力の作用点を増やして接触圧力を低減したものである．

ハイポイドギア (hypoid gear)

図 5.5(m) に示すように，ウォームギアとかさ歯車の中間的な性質をもっており，特殊な潤滑油を使えば，高負荷，高速度で使うことができるため，自動車等には不可欠な歯車である．

5.3 歯形曲線

歯車の歯の形としてはいろいろあるが，ここでは，平歯車を例に，使用頻度の高い**インボリュート歯車**と**サイクロイド歯車**について，説明を行う．

5.3.1 インボリュート歯車

図 5.6 に示すように，基礎となる円（＝**基礎円**）に巻き付けられた糸をピンと張った状態でほどいていくと，糸の先端は曲線を描くが，この曲線を**インボリュート曲線 (involute curve)** という．図 5.6(b) は，基礎円上に等間隔にとった点を起点として複数のインボリュート曲線を重ね描いたものであり，この曲線を歯形とした歯車をインボリュート歯車という．また，曲線上のある点 P から基礎円に引いた接線はインボリュート曲線の接線と直交する．図 5.7 は，基礎円上に等ピッチにとった点を起点とするインボリュート曲線を複数描いたものであるが，糸が円からほどかれたときの曲線であることから，図において，A～E 間の各円弧の長さと A′～E′ 間の各線分の長さは等しい．この各線分の長さを**法線ピッチ**という．

次に，このような性質をもとに，歯車の回転角速度比を考えてみよう．図 5.8 に 1 組のインボリュート歯車を示す．2 つの歯は点 Q で接しており，曲線 A_1QB_1, A_2QB_2 はインボリュート曲線である．点 Q で両曲線の接線は一致し，それを t とする．一方，インボリュート曲線の法線は基礎円の接線となるので，点 N_1, Q, N_2 は一直線上にある．このことから，インボリュート歯形の場合，接触点 Q は常に線分 N_1N_2 上にあることになる．したがって，N_1, N_2 と 2 つの歯車の中心を結ぶ線の交点 P は，歯車が回転中変化しないことになる．そのため，式 (5.5) からわかるように，イ

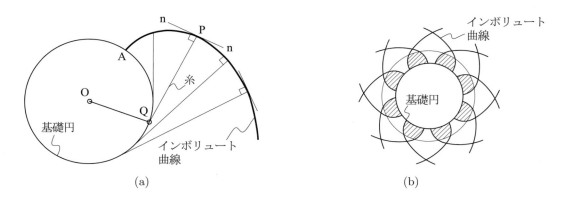

図 5.6 インボリュート曲線

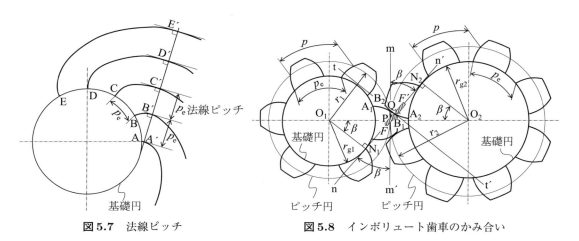

図 5.7 法線ピッチ　　　　図 5.8 インボリュート歯車のかみ合い

ンボリュート歯車の場合，角速度比 α は回転中一定となり，以下のように表される．

$$\alpha = \frac{\omega_2}{\omega_1} = \frac{r_1}{r_2} = \frac{r_{g1}/\cos\beta}{r_{g2}/\cos\beta} = \frac{r_{g1}}{r_{g2}} \tag{5.11}$$

ここで，β は圧力角と呼ばれ，歯車の中心間距離を c とすると，以下の式で表される．

$$\cos\beta = \frac{r_{g1} + r_{g2}}{c} \tag{5.12}$$

5.3.2 インボリュート歯車に作用する力

ここでは，インボリュート歯形に作用する力を考える．わかりやすくするために，図 5.9 のような模式図を考える．すなわち，円板にインボリュート曲線をもつ板を取り付けておき，その上から上下運動するキノコ型フォロワーが接触しており，フォロワーの下端には水平な板がついていると

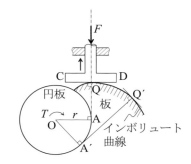

図 5.9 インボリュート歯形に作用する力

する．このとき，インボリュート歯車の性質から水平な板の法線は歯形曲線の接線でもあり円板と接する．したがって，線分 OA とこの法線は直交する．次に，円板が反時計まわりに回転して，点 Q' が接点となった場合，点 A' が点 A の位置にくるのでやはり接触点はキノコ型カムの軸線上にあることがわかる．つまり，板とフォロワーの間に摩擦がない場合には，力 F は常に鉛直下向きに作用し，点 O まわりのトルク T は円板の半径を r とすると

$$T = rF = 一定 \tag{5.13}$$

となるので，回転中でも変動しないことになる．

これは，インボリュート歯車の歯においても同じであり，力の作用する方向は図 5.8 に示す方向となる．このように，インボリュート歯車の場合，力は基礎円の接線方向に作用するので圧力角は一定となることがわかる．JIS 規格で定められている標準歯車では，圧力角 β は 20° に取られている．

5.3.3 サイクロイド歯車

インボリュート曲線の他に歯形曲線としてよく用いられるものに，**サイクロイド曲線**がある．これは，直線または円上を他の円がすべらずに回転していくとき，その円の円周上のある一点が描く軌跡のことである．この曲線を歯形曲線としたものが，**サイクロイド歯形**である．回転していく方の円の半径を無限大にした場合は，図 5.6 の線分 PQ がその円の円周の一部を表し，点 A がサイクロイドの出発点であると考えられるので，インボリュート曲線はサイクロイド曲線の特殊な例であると見なすことができる．直線上を転がるときの曲線が，**普通サイクロイド** (common cycloid)，円の外側に沿って転がるときの曲線を**外転サイクロイド** (epicycloid)，円の内側を転がるときの曲線を**内転サイクロイド** (hypocycloid) という．

図 5.10 に示すように，いずれの場合も，ころがり円がサイクロイド曲線を描きながらある位置にきたとき，サイクロイド曲線上のその点における法線はころがり円と固定直線もしくは固定円との

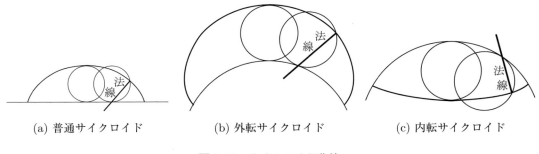

(a) 普通サイクロイド　　(b) 外転サイクロイド　　(c) 内転サイクロイド

図 5.10 サイクロイド曲線

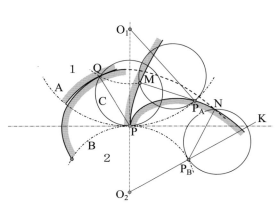

図 5.11 サイクロイド曲線の幾何学

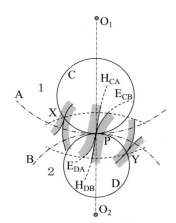

図 5.12 サイクロイド歯形

接点を通る．

　では次に，サイクロイド歯形を作るときの基礎的な検討として，外転サイクロイドと内転サイクロイドを同時に描いたときの幾何学について示す．図 5.11 において，A，B は歯車 1，2 のピッチ円で点 P はピッチ点，C はころがり円である．まず，ころがり円 C を点 P で円 A に内接させ，A の内側を転がるときを考える．このとき，点 P_A で A に接する位置にきたときの内転サイクロイドを描いたのが PM である．次に，C が B の外側をころがり点 P_B で B に接する位置にきたときの外転サイクロイドを描いたのが PN である．ただし，円弧 PP_A の長さと円弧 PP_B の長さは等しいとする．したがって，円弧 MP_A と円弧 NP_B の長さは等しく，線分 MP_A と線分 NP_B の長さも等しい．つまり，$\angle MP_A O_1 = \angle NP_B K$ となる．この状態で，円 A と円 B がころがり接触して点 P_A と点 P_B が点 P において接するとき，線分 MP_A と線分 NP_B は線分 QP と重なり，共通の法線となる．したがって，共通法線がピッチ点を通るので，円 A の内側を円 C が転がってできる内転サイクロイドと，円 B の外側を円 C が転がってできる外転サイクロイドとは歯車の歯形としての接触条件を満たしていることがわかる．

　この考え方に基づいて，サイクロイド歯形を描いてみよう．結果を図 5.12 に示す．この図にお

いて，PH_CA は歯車 1 のピッチ円 A の内側をころがり円 C が転がってできる内転サイクロイドの一部であり，PE_DA は円 A の外側をころがり円 D が転がってできる外転サイクロイドの一部であり，それぞれを歯元，歯末としたものが歯車 1 の歯形である．また，PE_CB は歯車 2 のピッチ円 B の外側を円 C が転がってできる外転サイクロイドの一部であり，PH_DB は円 B の内側を円 D が転がってできる内転サイクロイドの一部であり，これらをそれぞれ歯末，歯元としたものが歯車 2 の歯形である．歯の接触は，内転サイクロイドと外転サイクロイドの間で行われる．このようにして，サイクロイド歯形を作成することができる．なお，ころがり円の大きさは任意にとることができ，大きいほど歯車同士を引き離そうとする力を小さくできるが，逆に歯元の厚さは小さくなり歯の強度低下を招くため，適切な大きさとする必要があることがわかっている．

5.4　かみ合い率

先に述べたように，インボリュート歯車の場合，歯がかみ合い始めてからかみ合いを終わるまでの接点 Q の軌跡は，図 5.13 における両基礎円の接線上の $N_1 N_2$ 上にあるが，この間の長さをかみ合い長さという．この間の歯車の回転角を**接触角 (angle of contact)** θ，ピッチ円弧の長さを**接触弧 (arc of contact)** といい，開始点からピッチ点まで**近寄り弧** θ_a，ピッチ点から終点までを**遠のき弧** θ_b という．すなわち，$\theta = \theta_\text{a} + \theta_\text{b}$ となる．

歯車は動力を伝達するので，常時少なくとも 1 対の歯は接触していなければならない．また，2 つ以上の歯が接触していれば，1 つの歯に作用する力は少なくて済み，滑らかな動力伝達が可能となる．そこで，その程度を表す指標としてかみ合い率 e という指標を導入する．かみ合い率 e は，

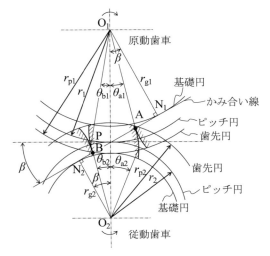

図 5.13　かみ合い率

接触弧を円ピッチで除した値（もしくは，かみ合い長さを法線ピッチで除した値）であり，円ピッチに対する接触弧の比をとったものである．たとえば，$e=1$ の場合は常に 1 対の歯車が接触しており，$e=1.5$ の場合はかみ合い中 50% は 2 対の歯がかみ合っていることを示している．通常，$e=1.2 \sim 2.5$ 程度にとられる．

5.5 すべり率

歯車は，本質的にすべり接触機構であり，歯同士は回転中に大部分の箇所で相対的にすべり，このすべりが歯の摩耗などに影響してくる．そこで，すべる状態を表す指標として，すべり率が定義される．図 5.14(a) に概念図を示す．2 つの歯が点 Q で接触している状態から，微小時間 dt 後に微小長さ ds_1, ds_2 離れた点 A と点 B が接触するとしたとき，歯 1, 2 のすべり率 η_1, η_2 は

$$\begin{cases} \eta_1 = \dfrac{ds_1 - ds_2}{ds_1} \\ \eta_2 = \dfrac{ds_2 - ds_1}{ds_2} \end{cases} \tag{5.14}$$

と定義される．これらの式において，分母，分子をともに微小時間 dt で割ると，いずれの項も速度となるがこれらの速度は接触点における接線方向速度である．

この概念を，インボリュート歯形について当てはめると以下のようになる．図 5.14 (b) に示すように，点 Q および点 Q と微小距離 ds だけ離れた点 Q′ での法線の基礎円との交点を A, A′ とすると，QA と Q′A′ とのなす角と OA と OA′ とのなす角は等しい．また，幾何学的な関係から

$$d\theta = dl/r_\mathrm{g} \tag{5.15}$$

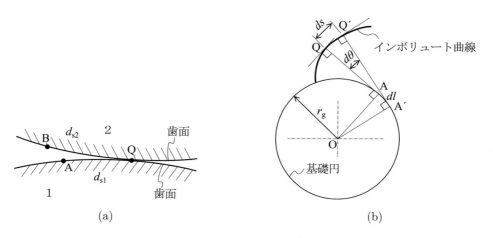

図 5.14　すべり率

であるので，微小距離 ds は

$$ds = \overline{\mathrm{QA}}d\theta = \overline{\mathrm{QA}}dl/r_g \tag{5.16}$$

となる．2つの歯車がかみ合うときの微小時間に歯面が移動した長さ ds_1, ds_2 は

$$\begin{cases} ds_1 = \overline{\mathrm{Q_1A_1}}dl_1/r_{g1} \\ ds_2 = \overline{\mathrm{Q_2A_2}}dl_2/r_{g2} \end{cases} \tag{5.17}$$

となる．さらに，かみ合う歯車の基礎円上の移動長さは等しいので

$$dl_1 = dl_2 \tag{5.18}$$

であり，歯車の基礎円の半径の比と歯数の比は等しいので

$$\frac{r_{g1}}{r_{g2}} = \frac{z_1}{z_2} \tag{5.19}$$

である．式 (5.17) を式 (5.14) に代入し，式 (5.18)，(5.19) を用いて整理すると，すべり率が以下のように求まる．

$$\begin{cases} \eta_1 = \dfrac{\overline{\mathrm{Q_1A_1}}z_2 - \overline{\mathrm{Q_2A_2}}z_1}{\overline{\mathrm{Q_1A_1}}z_2} \\ \eta_2 = \dfrac{\overline{\mathrm{Q_2A_2}}z_1 - \overline{\mathrm{Q_1A_1}}z_2}{\overline{\mathrm{Q_2A_2}}z_1} \end{cases} \tag{5.20}$$

主要な特徴は以下となる．ピッチ点では，ピッチ点がかみ合う歯車の回転中心上にあるのですべり率はゼロである．また，インボリュート歯車では，すべり率の絶対値はピッチ点を離れるほど大きくなり，歯元では大きくなる．なお，サイクロイド歯車の場合は，すべり率は各点で一定である．

5.6 歯形の干渉

ある歯同士がかみ合っているとき，その前後の歯もかみ合っている必要があるが，もし，図面上で重なっているような場合には，歯車がうまく回転しないことになる．これを歯形の干渉という．先に図 5.13 で述べたように，かみ合い率を増加させるには歯先円の半径を増加させればよい．しかし，図 5.15 に示すように，歯先円との交点が点 $\mathrm{N_1}$ を超えて点 A' になると，歯車1の歯形曲線は基礎円の内側となり，インボリュート曲線の条件を満たさなくなる．このため，うまくかみ合わなくなり，歯同士の干渉が起こる．

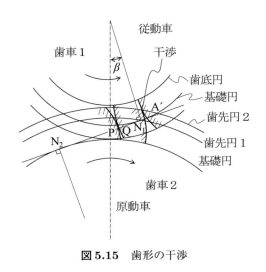

図 5.15　歯形の干渉

5.7　歯車の歯に加わる力

平歯車の場合はこれまでの説明からわかるように，歯に作用する力は歯車の軸直角方向であり軸方向に作用する力の成分はない．しかし，はすば歯車やウォームギアのように，歯面が軸と平行でない場合には歯面に作用する力は歯車を軸まわりに回転させる成分以外に軸方向にずらそうとする成分も有する．ここでは，上記2つの場合について歯に加わる力の成分を検討する．

5.7.1　はすば歯車

5.3節で述べたように，インボリュートの平歯車の場合は，円筒に巻き付けた紙を引っ張りながらほどいていくとき紙の先端が描く面を歯面としているが，**はすば歯車 (helical gear)** の場合は図5.16のように，基礎円筒に巻き付けた紙の先端が軸とある角度をなしているとき紙の先端が作る面を歯面としている．このとき，歯面とピッチ円筒との交線を**歯すじ**といい，歯すじがピッチ円筒の母線となす角 β を**ねじれ角 (helix angle)** という．平歯車はねじれ角が $\beta = 0$ の場合といえる．一組のはすば歯車の場合はねじれの方向は反対であり，ねじれ角は等しい．

はすば歯車では歯がねじれているため，歯幅を b とするとピッチ円筒上では歯の一端は他端より $b \tan \beta$ だけ先に進んでいることになり，平歯車よりも接触弧が増加してかみ合い率も大きくなる．また，平歯車の場合は，一組の歯の接触が始まったり終わったりするときは歯すじに沿って同時に歯のかみ合いが始まるが，はすば歯車では，接触が歯の一端から始まって他端で終わるため，1つの歯にかかる荷重の変動が少ない．このため，はすば歯車の動きはなめらかで振動や騒音も少ない．はすば歯車の歯すじは軸に対して角度 β をなしているから，軸直角方向に回転力 P を与えると軸方向にスラスト力 P_a を生じる．つまり

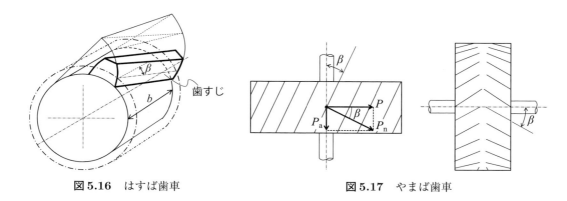

図 5.16　はすば歯車　　　　　図 5.17　やまば歯車

$$P_a = P \tan \beta \tag{5.21}$$

また，歯面法線方向に作用する力 P_n は

$$P_n = P/\cos \beta \tag{5.22}$$

となる．P_a が過大になることを避ける必要があるため，通常は β を $10 \sim 20°$ 程度とする．なお，ねじれ角が反対方向の 2 つのはすば歯車を背中合わせに貼り付けた場合，スラスト力はキャンセルされるため，軸方向の力はゼロとなる．これが，先に示したやまば歯車で図 5.17 に示すものである．

5.7.2　ウォームギア

はすば歯車のねじれ角 β を大きくし，またピッチ円筒の直径を小さくするとねじ状の歯車ができる．これとかみ合う歯車はねじれ角の小さいはすば歯車のようになる．前者を**ウォーム (worm)** といい，後者を**ウォームホイール (worm wheel)** といい，これらを 1 対組み合わせたものを**ウォームギア (worm gear)** という．通常は，それぞれの軸が直交する場合が多い．また，歯切りの仕方の工夫により，ウォームギアのかみ合いは線接触となる．ウォームの歯数を条数というがこれを 1 にすることができるため，一組のウォームギアで非常に大きな減速比を得ることができる．

図 5.18 に示すように，条数を z_w，ピッチを t，リードを L，ピッチ円半径を r_1，ピッチ円筒上のねじの傾き角（進み角）を γ とすると，次の式が成り立つ．

$$\begin{cases} L = z_w t \\ \tan \gamma = \dfrac{L}{2\pi r_1} \end{cases} \tag{5.23}$$

ここで，図 5.19 に示すように，ウォームに作用する力のつり合いを考える．ウォームの歯面法線方向に作用する力を Q とし，これをウォームの中心に向かう成分とそれに直交する成分に分ける．

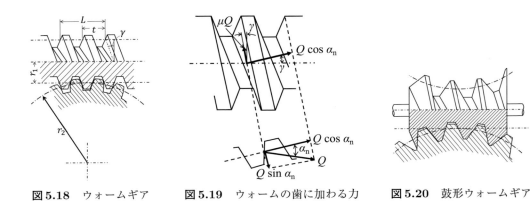

図5.18 ウォームギア　　図5.19 ウォームの歯に加わる力　　図5.20 鼓形ウォームギア

前者はウォームが軸に直角に押される力である．Q によって歯面に生じる摩擦力を μQ (μ は摩擦係数) とすると，ウォームの軸方向，円周方向に作用する力は以下のように表される．

$$\text{軸方向：} \quad P = Q\cos\alpha_n \cos\gamma - \mu Q \sin\gamma \tag{5.24}$$

$$\text{円周方向：} \quad P_t = Q\cos\alpha_n \sin\gamma + \mu Q \cos\gamma \tag{5.25}$$

通常，α_n は 15°程度であるから，簡単のため $\cos\alpha_n \simeq 1$ とすると

$$P_t = \frac{\sin\gamma + \mu\cos\gamma}{\cos\gamma - \mu\sin\gamma} P \tag{5.26}$$

摩擦角を ρ とすると，$\mu = \tan\rho$ であるから

$$P_t = \frac{\sin\gamma + \tan\rho\cos\gamma}{\cos\gamma - \tan\rho\sin\gamma} P = \frac{\tan\gamma + \tan\rho}{1 - \tan\rho\tan\gamma} P = P\tan(\gamma + \rho) \tag{5.27}$$

P はウォームホイールを回転させる力であるから，P という回転力を与えるためには P_t という力を円周方向に加える必要があることがわかる．

また，摩擦がないと仮定したときの円周方向の力を P_{t0} とすると，$P_{t0} = P\tan\gamma$ であるから，式 (5.27) との比をとりこれを接触効率 μ とすると

$$\mu = \frac{P_{t0}}{P_t} = \frac{\tan\gamma}{\tan(\gamma + \rho)} \tag{5.28}$$

となる．この式から，効率を最大にするには $\gamma = 45°$ 程度が良いことがわかるが，実際には $\gamma = 30°$ 程度としている．

一方，逆に，ウォームホイールでウォームを回転させようとすると，図 5.19 において摩擦力 μQ の向きは逆になるから，同様に考えて

$$P = P_t \cot(\gamma - \rho) \tag{5.29}$$

となる．したがって，$\gamma > \rho$ なら P は正となりウォームは逆転できるが，$\gamma < \rho$ ならウォームホイールでウォームを回すことはできないことがわかる．

なお，ウォームのピッチ面は通常円筒であるが，図 5.20 に示すように，ウォームホイールのピッチ円の一部をウォーム軸のまわりに回転してできる円弧回転面をピッチ面とすることにより，歯の接触面を大きくし負荷能力を増加させる方法がある．このようなものを，**鼓形ウォーム (globoid worm)** という．

5.8 歯 車 列

これまで述べてきた歯車を複数組み合わせることによって，2 軸間に動力を伝達するための種々の機構を形成することができ，角速度の増減，トルクの増減などが可能となる．このように歯車を組み合わせたものを，**歯車列 (gear train)** という．なお，以下に示す図では，歯車をすべてピッチ円で表示する．

5.8.1 中心固定の歯車列

歯車の中心を固定した歯車列を中心固定の歯車列という．図 5.21 に示すように，歯車 1, 2 の中心が移動しない機構のことである．

この歯車列において，歯車の歯数，ピッチ円半径，角速度をそれぞれ，$z_1, z_2, r_1, r_2, \omega_1, \omega_2$ とすると，かみ合う歯車のピッチは等しいので

$$\frac{2\pi r_1}{z_1} = \frac{2\pi r_2}{z_2} \tag{5.30}$$

が成り立つ．また，接線方向の移動距離は等しいので

$$r_1 \omega_1 = r_2 \omega_2 \tag{5.31}$$

が成り立つ．これらの式から，角速度比は以下の式となる．

$$\varepsilon = \frac{\omega_2}{\omega_1} = \frac{r_1}{r_2} = \frac{z_1}{z_2} \tag{5.32}$$

1 秒間の回転数を n_1, n_2 とすると，$\omega_1 = 2\pi n_1, \omega_2 = 2\pi n_2$ であるので，式 (5.32) は，ω を n で置き換えてもよい．

2 つの歯車の回転方向は当然逆方向であるので，正確には角速度比は負号が付くがここでは絶対値で表示している．なお，図 5.22 のように，小さい歯車が内接する場合は 2 つの歯車の回転方向は同じであるので，角速度比は正の符号をもつ．

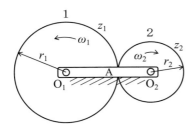
図5.21 中心固定の歯車列

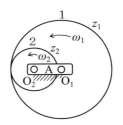
図5.22 中心固定の歯車列（内接する場合）

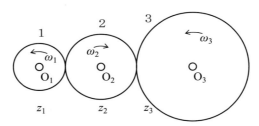
図5.23 3つの歯車から成る歯車列

　図5.23のように，3つの歯車から成る歯車列の場合は，歯車1,2においても，歯車2,3においても，式(5.32)と同様な関係が成立するので，歯車1,3においては，以下の式が成立する．

$$\varepsilon = \frac{\omega_3}{\omega_1} = \frac{\omega_2}{\omega_1}\frac{\omega_3}{\omega_2} = \frac{z_1}{z_2}\frac{z_2}{z_3} = \frac{z_1}{z_3} \tag{5.33}$$

つまり，中間の歯車2は関係しないことがわかる．この場合，歯車2を**遊び歯車 (idle gear)** という．ただし，中間の歯車を設けることにより，両端の歯車の回転方向を同じにすることができる．

5.8.2 中心移動の歯車列

　図5.24のように，歯車1の中心は固定されているが歯車2の中心は固定されておらず，歯車2は回転しながら歯車1の周囲を腕Aとともに回転する．このような歯車列を中心移動の歯車列という．この図の場合は，**遊星歯車列**といい，歯車1を**太陽歯車**，歯車2を**遊星歯車**，腕Aを**遊星腕**という．

　ここで，歯車1に対する歯車2の角速度 ω_2 の比を求めよう．まず，腕Aに対する歯車1の相対角速度は，角速度 ω_A で回転する腕Aから眺めているとすると，$-\omega_A$ である（時計回りであるので，負の符号を付けている）．また，腕Aに対する歯車2の相対角速度は，$\omega_2 - \omega_A$ である．したがって，歯車1に対する歯車2の角速度の比は

$$\varepsilon = \frac{\omega_2 - \omega_A}{-\omega_A} = 1 - \frac{\omega_2}{\omega_A} \tag{5.34}$$

となる．一方，角速度比は，歯数の比で決まるので

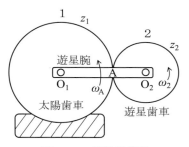

図 5.24 遊星歯車列

$$\varepsilon = -\frac{z_1}{z_2} \tag{5.35}$$

したがって，腕 A の角速度に対する歯車 2 の角速度の比は，次式となる．

$$\frac{\omega_2}{\omega_A} = 1 + \frac{z_1}{z_2} \tag{5.36}$$

ここで，角速度の定義は，絶対座標系に基づいていることに注意しておく必要がある．

5.8.3 差動歯車列

図 5.24 の歯車列では，歯車 1 が回転できないとしていたが，図 5.25 のように歯車 1 も中心 O_1 のまわりに回転できる歯車列がある．この場合は，歯車 1, 腕 A, 歯車 2 の回転の 3 つの自由度があるため，いずれか 1 つの節の回転を定めなければ残りの節の運動は定まらない．このような歯車列を差動歯車列という．

歯車 1 と腕 A の角速度が，それぞれ ω_1, ω_A のとき，歯車 2 の角速度 ω_2 を求めよう．先に遊星歯車列で検討したときと同様に，腕 A に乗っている人から見た歯車 1, 2 の相対角速度は，それぞれ $\omega_1 - \omega_A, \omega_2 - \omega_A$ であるから，腕 A 基準に考えると，歯車 1 に対する歯車 2 の角速度比 ε は

$$\varepsilon = \frac{\omega_2 - \omega_A}{\omega_1 - \omega_A} \tag{5.37}$$

となる．一方，歯車 1 に対する歯車 2 の角速度比 ε は，これらの歯車が互いに外接する歯車であるので，歯数を用いて表すと

$$\varepsilon = -\frac{z_1}{z_2} \tag{5.38}$$

と書ける．これらの式から ω_2 を求めると

$$\omega_2 = \omega_A - (\omega_1 - \omega_A)\frac{z_1}{z_2} \tag{5.39}$$

となる．

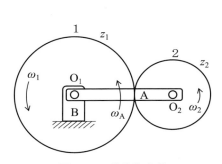

図 5.25　差動歯車列

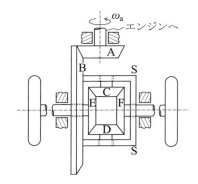

図 5.26　自動車用差動かさ歯車の例

さて，このような差動歯車の例としては，自動車用の**差動かさ歯車**がよく知られている．図 5.26 にその概念図を示す．A～F はすべてかさ歯車であり，S は支持枠である．かさ歯車 A は，エンジンとつながっており，回転トルクが伝えられる．A が回転すると B が回転し，B に固定されている支持枠 S も回転する．歯車 C と D は回転軸で支持枠 S に取り付けられている．歯車 E，F は C，D とかみ合っており，その軸端にはタイヤが取り付けられている．

今，車の両輪から何も拘束を受けないときは，エンジンからの回転は歯車 E，F に等しく与えられ，それらの角速度も等しくなる．その値を ω_0 としておく．しかし，歯車 E，F のいずれか一方の角速度が与えられると，他方の角速度はその影響を受け，両輪の角速度は等しくならない．この場合の角速度の関係は，これまでの説明を基に考えると以下の式となることが容易にわかる．

$$2\omega_0 = \omega_E + \omega_F \tag{5.40}$$

したがって，車がたとえば左に曲がるときは歯車 E の回転は遅くなるが，式 (5.40) の関係に基づいて歯車 F の回転は速くなるので，タイヤはすべらずにカーブを曲がることができるのである．

5.8.4　変速歯車装置

原動軸の回転数が一定のとき，歯車によって従動軸の回転数を変えるには，いずれかの軸の歯車を取り換えて直径を変化させればよいが，しばしば回転数を変化させる場合は現実的ではない．そこで，原動軸の回転を止めることなく歯車のかみ合いを変える装置を用いる．これを**変速歯車装置** (speed change gears) という．図 5.27 に基本的な例を示す．この場合，上段の歯車を左に移動させることにより，A_1 と B_1 の歯車がかみ合い，右に移動させることにより A_2 と B_2 がかみ合うので，回転数を 2 種類に変化させることが可能となる．なお，摩擦車で述べるように，連続的に回転数を変化させることはできない．

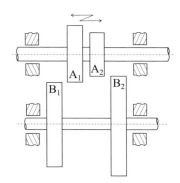

図 5.27 変速歯車装置の例

演習問題

5.1 ウォームギアを用いるとき，ウォームホイールでウォームを回転させたい．回転可能な条件を示せ．ただし，ウォームとウォームギアの間の摩擦係数 $\mu = 0.3$ とする．

5.2 モジュールが 4 mm，歯数が 25 の平歯車がある．この歯車のピッチ円直径 d と円ピッチ p はいくらか．また，この平歯車とかみ合う別の平歯車の角速度を 1/2 にするには歯数をいくらにすればよいか．さらに，このとき 2 つの歯車の中心間距離 l はいくらか．

5.3 サイクロイド歯型の利点を 3 つ述べよ．また，図 5.10 に示す外転サイクロイドにおいて，ころがり円の回転角 β とピッチ円中心から歯形曲線までの距離との関係を示せ．

5.4 大小 1 組のかみ合ったインボリュート平歯車がある．それぞれの基礎円半径が 100 mm，60 mm で，中心間距離が 200 mm のとき，角速度比 α および圧力角 β を求めよ．

5.5 図 5.28 のような中心固定の歯車列がある．出力歯車の角速度を入力歯車のそれの 4 倍にしたい．出力歯車の歯数 z_d をいくらにすればよいか．ただし，歯車 A～C の歯数はそれぞれ，$z_a = 80$，$z_b = 40$，$z_c = 60$ である．

5.6 図 5.29 のような遊星歯車装置において，歯車 D の角速度 ω_d をゼロ，すなわち自転しないようにしたい．歯車 A の歯数を 80 とする時，歯車 D の歯数をいくらにすればよいか．

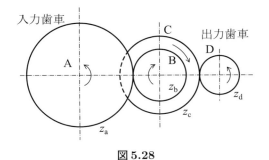

図 5.28　　　　　　　　　図 5.29

5.7 図 5.30 に示す差動歯車において,歯車 A,腕 E の角速度がそれぞれ ω_a, ω_e のとき,歯車 D の角速度 ω_d を ω_a と等しくしたい.歯車 A と歯車 D の歯数比 $\dfrac{z_a}{z_d}$ をいくらにすればよいか.ただし,$\omega_e = 0.5\omega_a$,$\dfrac{z_b}{z_c} = 2$ とする.

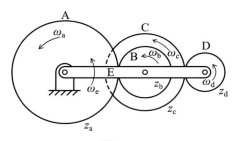

図 5.30

6 摩擦伝動機構

第5章では，歯車機構を取り上げて，その運動解析手法や特徴を述べてきた．本章では，2つの物体を接触させながら摩擦力を利用して，運動を伝達する機構について，種類や特徴，設計上の考え方について示す．

6.1 摩擦伝動機構に関する基礎的事項

摩擦伝動機構とは，前章で述べた歯車機構から歯を取り去り，ピッチ円と同じ半径をもつ円を接触させ相互の間に作用する摩擦力を利用して，一方の円の運動を他方の円に伝達する機構と考えると理解をしやすい．摩擦力を利用することから，摩擦力以上の抵抗力がある場合は相対的なすべりが生じることになる．また，ある程度の摩擦力を生じさせるためには，2つの円を押し付ける力も必要である．ここでは，摩擦伝動機構に関する基礎的な事項について説明する．

6.1.1 摩擦力に関する基礎的事項

図 6.1 に，摩擦伝動機構の一例を示す．この例では，原動節 1 の回転を従動節 2 に伝達する．摩擦力が抵抗力より大きければ，2つの節は滑ることなくころがり運動によって動力を伝達することができる．ここでは，まず，摩擦力に関する基礎的な事項について示す．

図 6.2 のように，床の上に置かれた質量 M の物体がある場合，床面には物体の自重 Mg が加わる．作用・反作用の法則によって，床から物体には上向きに Mg が加わる．この物体に床面と平行に右方向に力 P を加えた場合，P がある程度小さく物体が床面と接触を保っている場合物体には反作用で床面から左方向に力 F が作用する．これを摩擦力という．次に，P を徐々に大きくしていくと，ついに物体はすべり始める．このときの摩擦力を静摩擦力 F_0 といい，静摩擦係数を μ_s とすると，$F_0 = \mu_s M g$ の関係がある．一端すべり始めると，摩擦係数は減少しいわゆる動摩擦係数

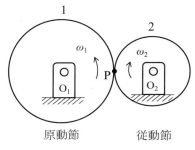

図 6.1 摩擦伝動機構の例

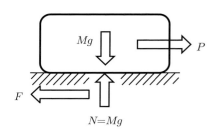

図 6.2 物体に働く摩擦力

μ_d となり，それに伴い摩擦力も動摩擦力 F_d となり，$F_d = \mu_d M g$ の関係がある．これまでは，押し付け力として自重 Mg を用いたが，押し付け力が N の場合は，Mg の代わりに N を代入すると一般的な関係が得られる．

6.1.2 ころがり接触の条件

第 5 章の図 5.2 で説明したことと重複する部分もあるが，再度ころがり接触の条件について示す．図 6.3 に 2 つの節がころがり接触をしている様子を示す．この図において，2 つの節が接触して運動するには，接触点での法線方向速度 v_{1n} と v_{2n} が等しくないといけない．また，ころがり接触では接線方向速度 v_{1t} と v_{2t} も等しくないといけない．したがって，接触点での 2 つの節の速度 $v_1 = v_2$ でないといけない．接触点 C における節 1 の速度は AC に垂直な方向であり，同様に節 2 の速度は BC に垂直な方向であるから，速度の大きさが $v_1 = v_2$ でありかつ方向が同じになるためには接触点 C は AB 線上，すなわち 2 つの節の回転軸を結ぶ線上にないといけない．これが 2 つの節がころがり接触運動をするための条件である．接線方向の移動距離が等しくないといけないので

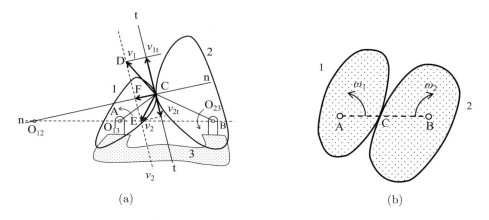

図 6.3 ころがり接触の条件

$$\omega_1 \times \overline{\mathrm{AC}} = \omega_2 \times \overline{\mathrm{BC}} \tag{6.1}$$

が成り立つ．したがって，回転軸から接触点までの距離が変化しないような機素すなわち摩擦車を用いれば回転中の角速度変化のない摩擦伝動機構を作ることができる．

6.1.3 輪郭曲線の求め方

摩擦伝動機構では，上に述べたころがり接触条件を常に満たさないといけないので，節の形状あるいは輪郭にはある制約条件が生じることになる．ここでは，輪郭曲線の求め方について説明する．

図 6.4 に，2 つの節が接触している様子を示す．接触点 P は，回転中心 O_1 と O_2 を結ぶ線上にある．また，点 P_1 と P_2 は 2 つの節が回転しある時間後に O_1O_2 の線上で互いに接触する点である．$\overline{O_1P_1} = r_1$, $\overline{O_2P_2} = r_2$ とし，O_1P_1 および O_2P_2 が線分 O_1O_2 となす角をそれぞれ α, β とすると，輪郭曲線を表す r_1, r_2 は，次式で表すことができる．

$$\begin{cases} r_1 = f(\alpha) \\ r_2 = g(\beta) \end{cases} \tag{6.2}$$

ある時間後の状態を考えると，以下の関係が成り立つ．

$$r_1 + r_2 = l \tag{6.3}$$

両辺を微分すると

$$dr_1 = -dr_2 \tag{6.4}$$

を得る．また，点 P_1, P_2 での輪郭曲線の接線と O_1P_1 あるいは O_2P_2 がなす角をそれぞれ，ϕ_1, ϕ_2 とし，P_1, P_2 が線分 O_1O_2 上にきたときを想定すると，当然以下の式が成り立つ．

$$\phi_1 + \phi_2 = \pi \tag{6.5}$$

さらに，以下の式も成り立つ．

$$\tan \phi_1 = -\tan \phi_2 \tag{6.6}$$

図 6.5 は，角度 α がわずかに変化した状態を示している．この図から，以下の式が成り立つ．

$$\tan \phi = \frac{r d\alpha}{dr} \tag{6.7}$$

この関係は，2 つの節について成り立つので

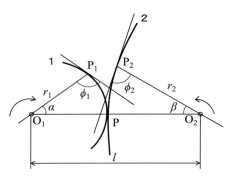

図 6.4 2つの節が接触している様子

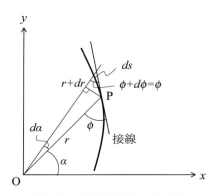

図 6.5 微小角度変化した場合

$$\begin{cases} \tan\phi_1 = \dfrac{r_1 d\alpha}{dr_1} \\ \tan\phi_2 = \dfrac{r_2 d\beta}{dr_2} \end{cases} \tag{6.8}$$

が成り立つ．式 (6.3)～式 (6.8) から，β に関して次の式が成り立つ．

$$d\beta = \frac{dr_2 \tan\phi_2}{r_2} = \frac{-dr_2 \tan\phi_1}{r_2} = \frac{-dr_2 r_1 d\alpha}{r_2 dr_1} = \frac{dr_1 r_1 d\alpha}{r_2 dr_1} = \frac{r_1 d\alpha}{(l - r_1)} \tag{6.9}$$

したがって，積分すると

$$\beta = \int \frac{r_1 d\alpha}{(l - r_1)} + C = \int \frac{f(\alpha) d\alpha}{(l - f(\alpha))} + C \tag{6.10}$$

を得る．すなわち，一方の摩擦車の形状が決まれば，他方の摩擦車の形状が式 (6.10) で求まることになる．

ここまでは，解析的に輪郭曲線を求める方法について説明したが，作図法によっても求めることができる．以下にその方法を図 6.6 を例にとって示す．まず，節 1 の輪郭曲線上に，点 P からわずか離れた位置に点 P_1 をとり，O_1 を中心として O_1P_1 を半径とする円弧を描き，O_1O_2 との交点を Q とする．次に，O_2 を中心として O_2Q を半径とする円弧を描き，P を中心として PP_1 を半径とする円弧との交点を Q_1 とすると，点 Q_1 がころがり接触によって節 1 上の点 P_1 と接触する節 2 上の点となる．この操作を点 P_2，P_3，…に対して行っていき，Q_2，Q_3，…を求めてそれらを連ねると節 2 の輪郭曲線が求まる．

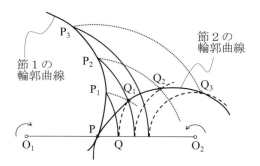

図 6.6 作図により輪郭曲線を求める方法

6.2 摩擦伝動機構の角速度比

6.2.1 角速度比一定の機構

原動節が角速度一定で回転しているときに，従動節の角速度も一定となるための輪郭曲線の形状について考える．

(1) 2つの軸が平行なとき

図 6.1 は，2つの回転軸が平行となる場合である．この図から，角速度の比 ε は

$$\varepsilon = \frac{\omega_2}{\omega_1} = \frac{\overline{O_1 P}}{\overline{O_2 P}} \tag{6.11}$$

となるので，角速度比が一定であるためには，接触点からそれぞれの回転中心までの距離の比が一定であればよいことになる．軸の回転中心位置は変化しないとすると，この条件を満たすためには，2つの節は図 6.7 に示すように，軸が平行な円筒であればよいことになる．このような摩擦車を円筒摩擦車と呼ぶ．式 (6.11) を，図 6.7 に示す記号と回転数 n を用いて再度表すと，以下のようになる．

$$\varepsilon = \frac{\omega_2}{\omega_1} = \frac{2\pi n_2}{2\pi n_1} = \frac{n_2}{n_1} = \frac{r_1}{r_2} \quad (\because \quad r_1 \omega_1 = r_2 \omega_2) \tag{6.12}$$

また，摩擦車は図 6.7(b) のように内接させる場合もある．さらに，図 6.7(c) のように，中間の複数の摩擦車を介在させる場合もある．1つ介在させた場合は，摩擦車の回転方向を原動節と従動節で同じにすることができる．また，中間に摩擦車を介在させた場合でも，原動節と従動節の角速度比は中間に摩擦車がない場合と変わらないことは，第 5 章の歯車で述べた場合と同様である．このことから，中間の摩擦車を遊び車という．

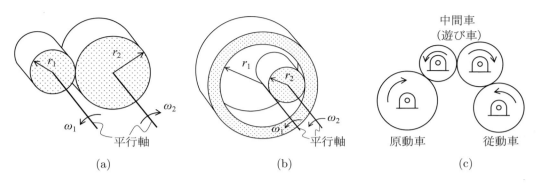

図 6.7 軸が平行な摩擦伝動機構

(2) 2つの軸が交わる場合

第5章で述べたかさ歯車から歯をすべて取り除いたような場合は図6.8のようになり，この場合，原動節1と従動節2の軸は点Oで交わる．この場合の角速度比が一定となるための条件について考える．2つの節の接触部のある点をPとすると，それに対応する節1，2の回転中心は点A，点Bとなる．角速度の比が一定となるためには，式(6.12)が接触部のどの点についても成り立たないといけないので

$$\varepsilon = \frac{\omega_2}{\omega_1} = \frac{r_{1L}}{r_{2L}} = \frac{r_{1R}}{r_{2R}} \tag{6.13}$$

とならないといけない．つまり，節1，2の形状は円錐形となることがわかる．このような摩擦車を円錐車あるいはかさ車という．このとき，図6.8に示す OO_1 と OO_2 とのなす角 θ とそれぞれの円錐の頂角の半分の角度 θ_1，θ_2 と，角速度比の関係を考える．このように，車が外接している場合は

$$\theta = \theta_1 + \theta_2 \tag{6.14}$$

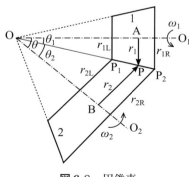

図 6.8 円錐車

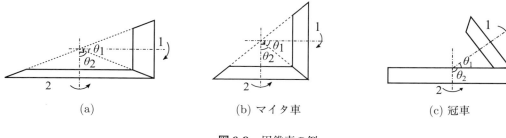

(a)　　　　　　　　　(b) マイタ車　　　　　　　(c) 冠車

図 6.9　円錐車の例

が成り立つ．また，図より

$$\varepsilon = \frac{\omega_2}{\omega_1} = \frac{r_1}{r_2} = \frac{\overline{\mathrm{OP}}\sin\theta_1}{\overline{\mathrm{OP}}\sin\theta_2} = \frac{\sin\theta_1}{\sin\theta_2} \qquad (6.15)$$

であることが容易にわかる．式 (6.13)～式 (6.15) から，以下の式が求まる．

$$\begin{cases} \tan\theta_1 = \dfrac{\sin\theta}{1/\varepsilon + \cos\theta} \\ \tan\theta_2 = \dfrac{\sin\theta}{\varepsilon + \cos\theta} \end{cases} \qquad (6.16)$$

なお，円錐車では，図 6.9 のように $\theta = 90°$ の場合が多い．また，図 6.9(b) のように，$\theta_1 = \theta_2 = 45°$ とすると，角速度比は 1 となる．これをマイタ車と呼ぶ．さらに，$\theta_2 = 90°$ とすると，従動節は平面となり，これを冠車と呼ぶ．

(3)　2 つの軸が平行でなく，かつ交わらない場合

図 6.10 に円錐車を 3 つ以上組み合わせた摩擦伝動機構の例を示す．図 6.10(a) では，原動節 1 と遊び車 3 の回転軸は点 P で交わり，従動節 2 と遊び車 3 の回転軸は点 Q で交わっている．この場合，原動節 1 と従動節 2 の回転軸は交わっていない．図 6.10(b) のように，摩擦車の個数を増やすことでさらに多様な機構を構成することが可能となる．上で述べた機構では，摩擦車を 3 つ以上用いた場合であるが，2 つの摩擦車で回転軸が平行でなく交わりもしない機構を作成することができる．その例を図 6.11 に示す．この摩擦車は，**単双曲線回転面 (hyperboloid of revolution of one sheet)** をもっている．これは，軸 O_1 に対して交わらず，かつ平行でない直線 AB を軸 O_1 のまわりに回転させてできる曲面である．図 6.11(b) はこのような曲面をもつ 2 つの摩擦車が接した状態を示しており，母線 AB で線接触している．この曲面は回転させてできたものであるので，回転軸に直交する平面による切断面は円である．円の直径が最も小さいのは点 P を通る円であり，これを**のど円 (gorge circle)** という．

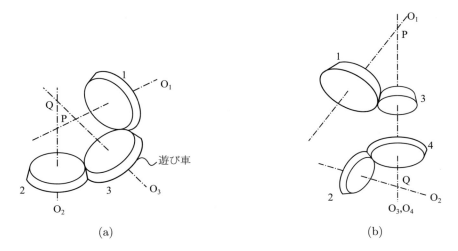

図 6.10　3つ以上摩擦車を組み合わせた場合

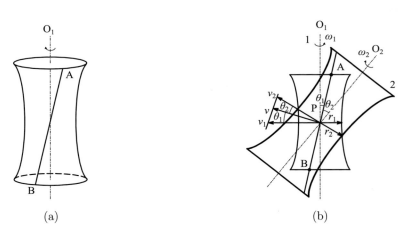

図 6.11　単双曲線回転面をもつ摩擦車

節 1, 2 の, のど円半径, 接触点の速度, 角速度をそれぞれ, $r_1, r_2, v_1, v_2, \omega_1, \omega_2$ とすると

$$\begin{cases} v_1 = r_1\omega_1 \\ v_2 = r_2\omega_2 \end{cases} \quad (6.17)$$

が成り立つ．また，母線 AB とそれぞれの節の回転軸 O_1, O_2 とのなす角度を θ_1, θ_2 とすると，v_1, v_2 の母線 AB に垂直方向の成分は等しくないといけないので

$$v_1 \cos\theta_1 = v_2 \cos\theta_2 \quad (6.18)$$

が成り立つ．式 (6.17) と式 (6.18) から，角速度比 ε が以下のように求まる．

$$\varepsilon = \frac{\omega_2}{\omega_1} = \frac{v_2/r_2}{v_1/r_1} = \frac{r_1 \cos\theta_1}{r_2 \cos\theta_2} \tag{6.19}$$

なお，理論上はこのような曲面が求まるが実際に精度よく製作することは手間がかかるため，図 6.10 に示したように 3 つ以上の円錐車を用いて同じ機能を達成する方が容易であろう．

6.2.2 角速度比が回転中に変化する場合

ここでは，角速度比が回転中に変化する摩擦伝動機構の形状について考える．

(1) 楕円車

図 6.12 に示すように，2 個の同じ大きさの楕円を直線 XY に対して対称に置き，かつ XY を共通接線としたとき，その上の点 P で接触しているとする．楕円の長軸，短軸の長さを $2a$, $2b$ とし，楕円の焦点を A, B, C, D とすると，楕円の性質と対称性から次の関係が成り立つ．

$$\angle APX = \angle CPX = \angle BPY = \angle DPY \tag{6.20}$$

したがって，点 A, P, D は同一直線状にある．また，点 B, P, C も同様である．また，楕円の定義から，次の関係が成り立つ．

$$\overline{AP} + \overline{DP} = \overline{AP} + \overline{BP} = 2a \tag{6.21}$$

すなわち，焦点 A, D を長軸の長さと等しい距離に置き，これらの焦点を中心にして回転すればころがり接触ができることになる．

このときの，回転角速度は，AP 間の距離と DP 間の距離に反比例する．図 6.13 を参考にすると，AP の距離が最も小さいのは FL 間で $a - \sqrt{a^2 - b^2}$ であり，最も大きいのは FK 間で $a + \sqrt{a^2 - b^2}$

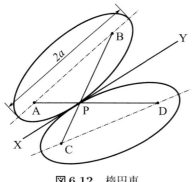

図 6.12 楕円車

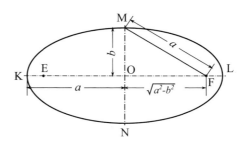

図 6.13 AP 間距離

であるから角速度の最大と最小は以下のようになる．

$$\varepsilon_{\max} = \frac{a + \sqrt{a^2 - b^2}}{a - \sqrt{a^2 - b^2}}$$
$$\varepsilon_{\min} = \frac{a - \sqrt{a^2 - b^2}}{a + \sqrt{a^2 - b^2}} \tag{6.22}$$

(2) 対数渦巻き線車

図 6.14 に示すように，**対数渦巻き線 (logarithmic spiral)** は極座標表示で以下のように表される．

$$r = r_0 e^{c\theta} \tag{6.23}$$

ここで，r_0，c は定数である．したがって，c が正のとき，r は角度とともに増加する．式 (6.23) を微分すると

$$\frac{dr}{d\theta} = cr_0 e^{c\theta} = cr \tag{6.24}$$

となり，式 (6.7) を参考にすると

$$\tan\phi = \frac{rd\theta}{dr} = 1/c \tag{6.25}$$

となる．

次に，図 6.14(b) のように，次のような式で表される 2 つの対数渦巻き曲線を輪郭曲線とする車を接触させて，ころがり接触させることを考える．

$$r_1 = r_{10} e^{c\theta}, \quad r_2 = r_{20} e^{-c\beta} \tag{6.26}$$

ここで，回転中心 O_1，O_2 との距離については常に以下の関係が成り立つとする．

$$r_1 + r_2 = r_{10} + r_{20} = l \tag{6.27}$$

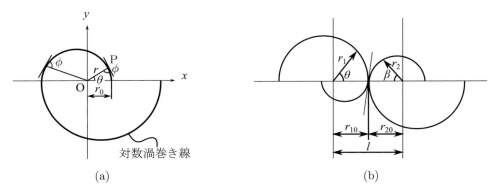

図 **6.14** 対数渦巻き曲線

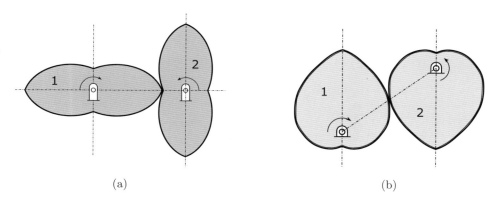

図 6.15 葉形車

これらの条件を満たせば，ころがり接触状態になることを以下に説明する．式 (6.10) と式 (6.25) から，以下の式が得られる．

$$\beta = \int \frac{r_1 d\theta}{(l - r_1)} + C = \int \frac{dr_1}{c(l - r_1)} + C$$
$$= -\frac{1}{c}\log(l - r_1) + C \tag{6.28}$$

ここで，$\theta = 0$ のとき，$r_1 = r_{10}$，$\beta = 0$，$r_2 = r_{20}$ とすると，定数 C が求まり

$$C = \frac{1}{c}\log(l - r_{10}) \tag{6.29}$$

を得る．したがって，式 (6.28) に代入して

$$\beta = -\frac{1}{c}\log(l - r_1) + \frac{1}{c}\log(l - r_{10})$$
$$= -\frac{1}{c}\log\frac{(l - r_1)}{(l - r_{10})} = -\frac{1}{c}\log\frac{r_2}{r_{20}} \tag{6.30}$$

となり，これから，$r_2 = r_{20}e^{-c\beta}$ を得る．これは，式 (6.26) の第 2 式そのものであり，ころがり接触運動をすることがわかる．しかし，このままでは，輪郭曲線は閉じた形にならないため，実際には，図 6.15 のように曲線を組み合わせて用いる．このような車を葉形車という．

6.3 摩擦伝動機構の選定

6.3.1 溝付き摩擦伝動機構

摩擦伝動機構は，前述のように節の間に作用する摩擦力を利用しているため，抵抗力以上の大きな摩擦力が必要である．大きな摩擦力を得るためには，大きな押し付け力が必要となり，回転軸の

強度上の観点から限界がある．摩擦力を増加させる1つの方法として，図6.16のような溝付き摩擦力を用いることもある．これは，図のように摩擦車の接触部分をV字型の溝としたもので，後にVベルトのところで述べるように，クサビの効果によって大きな摩擦力を得ることができる．

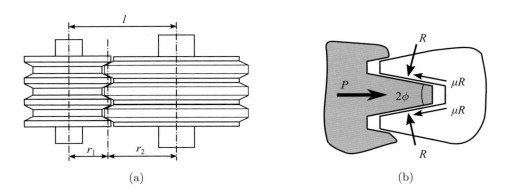

図 6.16　溝付き摩擦伝動機構

6.3.2　無段変速機構

すでに述べたように，遊び車の利用によって伝達動力の大きさを調整することが可能であり，かさ車の利用などによって，伝達方向の変換が可能である．角速度比もこれまでに述べた考え方によって種々の設定が可能であり，また，軸に摩擦車を付け替えることによって角速度比を変えることができる．しかし，これらは角速度比の変化が段階的である．実際の機械では，角速度比を連続的に変化させる必要がある場合もある．そのためには，図6.17に示すように，接触点の位置をずらす方法がある．これについては，図に示す以外にも種々の複雑な機構がある．

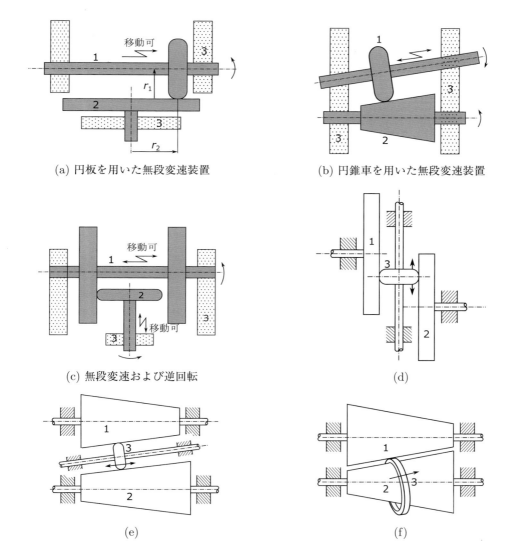

図 6.17　無段変速の摩擦伝動機構

演習問題

6.1 図 6.18 に示す円筒摩擦車において,原動節の半径 $r_1 = 100$ mm,回転数 $n_1 = 600$ rpm であり,従動節との中心軸間距離 $l = 300$ mm のとき,従動節の半径 r_2 および角速度 ω_2 を求めよ.

6.2 前問において,両車を 2 kN の力で押し付けるとし,1 kW の動力を伝達させたい.両車間の摩擦係数 μ をいくら以上にすればよいか.

6.3 図 6.19 のような円すい摩擦車について,半頂角 $\theta_2 = 45°$ のときの角速度比 $\varepsilon \left(= \dfrac{\omega_2}{\omega_1} \right)$ と 2 軸間の角度 $\theta (= \theta_1 + \theta_2)$ の関係を求めよ.また,グラフを表せ.

6.4 図 6.20 のような無段変速機構について,原動節 A の回転角速度 ω_A が一定としたとき,従動節 B の角速度 ω_B と A の位置 r_B の関係を示せ.また,グラフに表せ.さらに,ω_B の最小値を式で表せ.

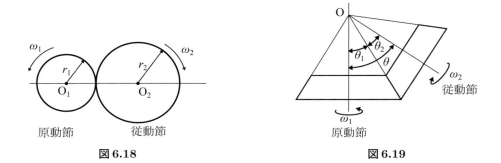

図 6.18   図 6.19

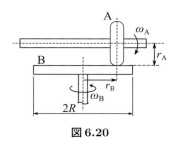

図 6.20

7 巻きかけ伝動機構

　第6章では，摩擦伝動機構を取り上げて，その運動解析手法と特徴を述べてきた．本章では，動力を伝達しようとする2つの節の間の距離が長い場合に多用される巻きかけ伝動機構について，種類や特徴，設計上の考え方について示す．

7.1 巻きかけ伝動機構とは

　動力伝達機構の選択に際しては，いくつかの制約条件を考慮する必要がある．伝達する動力が比較的小さくかつ軸間距離が小さい場合は，第6章で述べた摩擦伝動機構を用いることが可能である．また，伝達する動力が大きく，滑りが生じるといけない場合は第5章で述べた歯車機構を用いる方がよい．

　しかし，原動節と従動節の軸間距離がかなり大きい場合は，これらの機構を用いることは現実的でない場合が多い．このような場合に用いられるのが，**巻きかけ伝動機構**であり，**ベルト伝動機構**，**ロープ伝動機構**あるいは**チェーン伝動機構**である．図7.1に巻きかけ伝動機構の概念を示す．

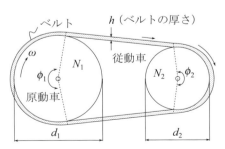

図 7.1 巻きかけ伝動機構の例

7.2 ベルト伝動機構

ベルト伝動機構は，図 7.1 に示すように，原動節と従動節の間を閉じた帯状のベルトで連結し，動力を伝達する機構である．**ベルト（belt）**の種類としては，平たい形状の平ベルトや V 型溝車用の V ベルトなどがある．後述するように，V ベルトは平ベルトに比べて同じベルト幅の場合接触面積を多くでき，かつ伝達する動力を大きくとれるので，多く用いられている．

7.2.1 ベルトの回転速度比

ここでは，図 7.1 に示す平ベルトの場合の回転速度の比を求めよう．なお，ベルトの厚さは車の直径に比較して小さいものとして無視することにする．

原動節，従動節の直径および回転数をそれぞれ，d_1, d_2, N_1, N_2 とする．ベルトが滑らない場合は，両者の周速度は等しいので，以下の関係が成り立つ．

$$\pi d_1 N_1 = \pi d_2 N_2 \tag{7.1}$$

したがって，回転速度の比は

$$\varepsilon = \frac{N_2}{N_1} = \frac{d_1}{d_2} \tag{7.2}$$

となる．

第 6 章で述べた摩擦車と同様，ϵ が大きい場合には図 7.2 に示すように，中間車を入れる場合もある．この場合の回転速度比は，$\pi d_1 N_1 = \pi d_3 N_3$，$\pi d_4 N_3 = \pi d_2 N_2$ が成り立つので

$$\varepsilon = \frac{N_2}{N_1} = \frac{d_1 d_4}{d_2 d_3} \tag{7.3}$$

となる．つまり，中間車が多数ある場合，回転速度比は，各ベルトの原動車の直径の積を各ベルトの従動車の直径の積で除したものとなることがわかる．

なお，ベルトの滑り等も考慮しないといけないが，滑りを少なくするためには，図 7.3 のような張り車を入れる方法がある．

7.2.2 ベルトの長さ

ベルトのかけ方には図 7.4 のように，2 種類の方法がある．図 7.4(a) は**平行掛け（オープンベルト，open belting）**と呼ばれるもので，回転方向は原動節と従動節とで同じである．一方，図 7.4(b) に示すように，**十字掛け（クロスベルト，cross belting）**と呼ばれる方法もあり，この場合は，原動節と従動節とではその回転方向が逆である．ベルトの長さは当然ベルトのかけ方によって変化する．

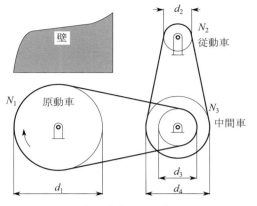

図 7.2 中間車を用いた場合

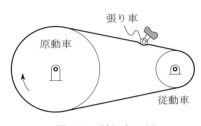

図 7.3 張り車の例

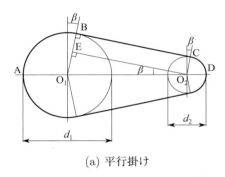

(a) 平行掛け

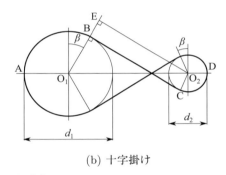

(b) 十字掛け

図 7.4 ベルトのかけ方

ベルトの長さは，**ベルト車 (belt pulley)** の大きさや軸間距離が決まれば求めることができる．まず，平行掛けの場合について考えよう．車の直径は，d_1，d_2 とする．

ベルトの長さ l_b は，図より

$$l_b = 2(\widehat{AB} + \overline{BC} + \widehat{CD}) \tag{7.4}$$

である．これらの長さは，図より以下のように求まる．

$$\begin{cases} \widehat{AB} = \dfrac{d_1}{2}\left(\dfrac{\pi}{2} + \beta\right) \\ \widehat{CD} = \dfrac{d_2}{2}\left(\dfrac{\pi}{2} - \beta\right) \\ \overline{BC} = \overline{O_2 E} = \overline{O_1 O_2} \cos\beta \end{cases} \tag{7.5}$$

角度が小さいときは以下のような近似が成り立つ．

$$\begin{cases} \beta \approx \sin\beta = \dfrac{\overline{O_1E}}{\overline{O_1O_2}} = \dfrac{\overline{O_1B}-\overline{O_2C}}{\overline{O_1O_2}} = \dfrac{d_1-d_2}{2\overline{O_1O_2}} \\ \cos\beta = \sqrt{1-\sin^2\beta} = \sqrt{1-\left(\dfrac{d_1-d_2}{2\overline{O_1O_2}}\right)^2} \approx 1-\dfrac{(d_1-d_2)^2}{8(\overline{O_1O_2})^2} \end{cases} \qquad (7.6)$$

これらの式を式 (7.4) に代入すると，ベルトの長さが以下のように求まる．

$$l_b = 2\overline{O_1O_2} + \dfrac{\pi}{2}(d_1+d_2) + \dfrac{(d_1-d_2)^2}{4\overline{O_1O_2}} \qquad (7.7)$$

十字掛けの場合も同様な考え方により，ベルトの長さが以下のように求まる．

$$l_b = 2\overline{O_1O_2} + \dfrac{\pi}{2}(d_1+d_2) + \dfrac{(d_1+d_2)^2}{4\overline{O_1O_2}} \qquad (7.8)$$

7.2.3 ベルトの張力

ベルト伝動機構では，ベルトと車の間の摩擦力で動力を伝達するため，ベルトと車の間に押し付け力が必要となる．この押し付け力はベルトの張力によってもたらされる．車の軸間には張力によって，引き合う力が作用するため，これらの力を考慮した機構設計を行う必要がある．

図 7.5 にベルトの張力の概念を示す．ベルトの張力を，**張り側** (tension side) を P_1，**緩み側** (slack side) を P_2 とし，巻き付け角 ($=\angle AOB$) を ϕ とする．このときの P_1，P_2 と伝達動力の関係を求める．点 A は，ベルトが車から離れる点であり，そこから角 θ にある微小部分 ds に作用する力のつり合いを考える．張り側，緩み側に作用する張力をそれぞれ，$P+dP$，P とし，ベルトがベルト車から半径方向に受ける力を Nds，摩擦係数を μ とする．ベルトの厚さは非常に小さいとして無視し，半径方向の力のつり合いを考えると以下の式を得る．

$$Nds = P\sin d\theta/2 + (P+dP)\sin d\theta/2 \approx Pd\theta \qquad (7.9)$$

$ds = rd\theta$ であるから，$Nr = P$ となる．

一方，円周方向の力のつり合いは，摩擦力も考慮すると以下のようになる．

$$(P+dP)\cos d\theta/2 = P\cos d\theta/2 + \mu Nds \qquad (7.10)$$

ここで，$\cos d\theta/2 \approx 1$，$\sin d\theta/2 \approx d\theta/2$ とすると，式 (7.10) は以下のようになる．

$$dP = \mu Nds = \mu Pd\theta \qquad (7.11)$$

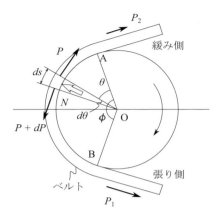

図 7.5 ベルトの張力の概念

式 (7.11) の両辺を P で除して，両辺を積分すると

$$\int_{P_2}^{P_1} \frac{dP}{P} = \mu \int_0^\phi d\theta \tag{7.12}$$

であるから，これより

$$\frac{P_1}{P_2} = e^{\mu\phi} \tag{7.13}$$

を得る．これより，張り側と緩み側の張力の差は

$$P_1 - P_2 = \frac{e^{\mu\phi} - 1}{e^{\mu\phi}} P_1 \tag{7.14}$$

となる．また，ベルトの周速度を v とすると，この張力差がする仕事は $(P_1 - P_2)v$ であり，伝達する動力 H は

$$H = (P_1 - P_2)v = \frac{e^{\mu\phi} - 1}{e^{\mu\phi}} P_1 v \tag{7.15}$$

となる．この式から，伝達動力は，摩擦係数 μ，巻き付け角 ϕ が大きいほど大きくなることがわかる．

なお，一般にベルトとベルト車の間にはすべりが生じ，1～2% の回転数の減少があると考えておく必要がある．当然負荷抵抗が大きいほど滑りも大きいことがわかる．

一般にベルトには，初期張力を与えるので，ここではその影響を考えよう．初期張力 P_0 と張り側と緩み側の張力の間には

$$P_0 = \frac{P_1 + P_2}{2} \tag{7.16}$$

の関係があるので，式 (7.13) より，これらの張力は以下のように求まる．

$$P_1 = \frac{2P_0}{1+e^{-\mu\phi}}, \quad P_2 = \frac{2P_0}{1+e^{\mu\phi}} \tag{7.17}$$

7.2.4　Vベルトの張力

Vベルトでは，V溝の両面に摩擦力が働くため見かけ上摩擦係数が増加したような効果がある．図 7.6 にベルトの断面図を示す．溝への押し付け力 N と溝から受ける反力との力のバランスを考えると

$$N = 2(R\sin\phi + \mu R\cos\phi) \tag{7.18}$$

であるから，Vベルトは溝の両面から

$$R = \frac{N}{2(\sin\phi + \mu\cos\phi)} \tag{7.19}$$

なる力を受けることになる．したがって，ベルト車を回すための摩擦力は，V溝の両面分なので

$$2\mu R = 2\mu \frac{N}{2(\sin\phi + \mu\cos\phi)} = \frac{\mu N}{\sin\phi + \mu\cos\phi} \tag{7.20}$$

となる．したがって，見かけの摩擦係数が

$$\mu' = \frac{\mu}{\sin\phi + \mu\cos\phi} \tag{7.21}$$

となり，大きくなったような効果がある．この摩擦係数を式 (7.17) に代入すれば，Vベルトの伝動時の張力が求まる．

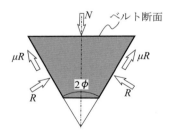

図 7.6　Vベルトの断面

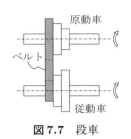
図 7.7 段車

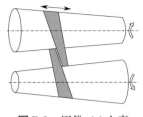
図 7.8 円錐ベルト車

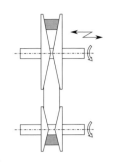
図 7.9 無段変速機構

7.2.5 ベルト伝動機構の種類

式（7.2）に示したように，ベルト伝動機構において回転速度比を変更しようとすれば，車の直径比を変更すればよいことになる．そのための方法としては，いくつかある．その1つが図7.7のような軸に数個の直径の異なる車を取り付けて，ベルトをかけ替えるような装置であり，このような装置を変速機といい，段の付いた車を段車という．また，回転速度比を連続的に変化させるようにしたものを無段変速機といい，図7.8のような円錐ベルト車を用いる機構や，図7.9のようにV溝の軸方向の幅を広げることができるようなベルト車を用いる機構がある．

7.3 ロープ伝動機構

先に述べたベルト車と類似であるが，ベルトの代わりにロープを用いるような伝動機構があり，これを**ロープ伝動機構**という．図7.10にロープの断面図を示す．ベルト車と異なるのは，ロープが外れないように必ず溝を付けた**溝車 (grooved pulley)** を用いることであり，概念としてはVベルトを用いたベルト車に近い．これは，**ロープ車 (rope pulley)** とも呼ばれる．

ロープ伝動においては，回転速度比をあまり大きな値にすることは少なく，大体1〜2といわれている．

車の直径として，ロープの中心までをとるか，ロープの溝との接触点をとるかで，少しだけ値が異なるが，ロープに張力が加わるとロープは溝の底の方に入るし，またすべりもあるため回転速度比の正確な評価は難しい．

張り側と緩み側の張力の比は，ロープ伝動もVベルトによるベルト伝動と同様，式（7.13）で与えられる．また，Vベルトと同様，ロープが溝の両面で支えられくさび作用によって大きな摩擦力を生み出すことができる．その見かけの摩擦係数の評価式も，式（7.21）で与えられる．

120　第7章　巻きかけ伝動機構

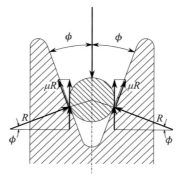

図 7.10　ロープ車の断面

7.4　チェーン伝動機構

これは，ベルトやロープの代わりに金属製の**チェーン** (chain) を用いた伝動機構であり，ベルトやロープが摩擦力を利用して伝動したのに対し，**スプロケット** (sprocket wheel) の歯によって伝動をするため，滑りを生じる可能性がなく，回転を確実に伝動することができる．また，チェーンは金属製であるので強度が高く大きな張力にも耐えられるので，大きな動力の伝動が可能であり，自転車やバイクなどに用いられている．しかし，高速運転時には振動や騒音が発生しやすいので，留意しておく必要がある．

7.4.1　ローラチェーン

ローラチェーンの概念図を図 7.11 に示す．このように，ローラチェーンは，自由に回転できるローラをはめたブッシュで固定されたローラリンクと，ピンで固定されたピンリンクとを交互に連結して作られており，最後に環状に結合して作られる．なお，大きな動力を伝達する場合には，長いピンを用いて図 7.12 のように複数列のチェーンとする．

7.4.2　スプロケットと伝動速度比

図 7.13 に，チェーンとスプロケットが組み合わさった状態を示す．ローラの 1 つがちょうどス

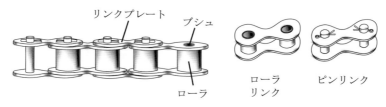

図 7.11　ローラチェーンの概念図

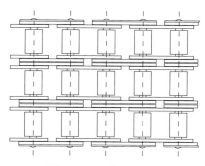

図 7.12 3列チェーン

スプロケットの中心の真上にきており，このときはチェーンの回転軸 O からの距離は，$r' = \mathrm{OA}$ であり，スプロケットのピッチ円半径 $r = (d/2)$ と等しい．スプロケットの歯数を Z，チェーン（もしくはスプロケット）のピッチを P とすると，図に示す角度 β，線分 AB の長さは，$\beta = 2\pi/Z$，$\mathrm{AB} = d\sin(\beta/2) = p$ となるので，ピッチ円の直径は

$$d = \frac{p}{\sin(\pi/Z)} \tag{7.22}$$

となる．一方，この状態からスプロケットが $\beta/2$ だけ回転したときは，$r' = \mathrm{OC}$ となる．すなわち，スプロケットは一定の角速度で回転しても，チェーンは一定の速度で移動できないことになる．このときのチェーンの最大速度と最小速度の式の導出はここでは省略するが，簡単な幾何学的な計算で求めることができる．その結果，歯数が 10 の場合，速度変動の大きさはスプロケットの回転速度の 5% 程度であることがわかっている．そこで，この速度変動を無視すると，回転速度比はベルト車と同様，式 (7.2) で求めることができる．

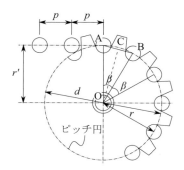

図 7.13 スプロケットとチェーンの関係

7.4.3 サイレントチェーン

前に述べたように，チェーン伝動機構では，高速運転時には振動や騒音が生じやすい．これに対応するものとして，**サイレントチェーン (silent chain)** がある．サイレントチェーンは，摩耗してピッチが伸びても騒音を発することなく，静かな伝動をすることができる．図 7.14(a) に示すような形をした鋼製のリンクを多数のピンで連結して，図 7.14(c) のように組み合わせたものである．スプロケットに掛けたとき，横に移動して外れることを防止するために，中央または両側に図 7.14(b) のような案内リンクを閉じ込んでおく，あるいは案内リンクを入れる代わりにスプロケットの両側面につばを付けたものもある．サイレントチェーンをかけるスプロケットの歯の形は図 7.15 に示すようなもので，直線から成っている．

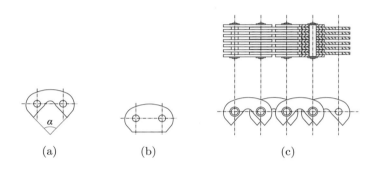

図 7.14 サイレントチェーンの構造

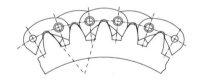

図 7.15 スプロケットの歯の形状

演習問題

7.1 十字掛けのベルト伝動機構において，従動節の角速度 ω_2 を式で表せ．また，プーリーの軸間距離 l とベルトの長さ b の関係をグラフに表せ．また，プーリーの直径がそれぞれ $d_1 = 200$ mm，$d_2 = 600$ mm のとき，b が最小となる l の値と b の最小値を求めよ．なお，ベルトの伸びはないものとする．

7.2 V ベルトを用いたベルト伝動機構において，見かけの摩擦係数 μ' が最大となるのは，θ がいくらのときか．また，そのとき，μ' はベルトとプーリー間の摩擦係数 μ の何倍か．ただし，$\mu = 0.25$ とする．ただし，$2\theta \geq 40°$ で考えること．

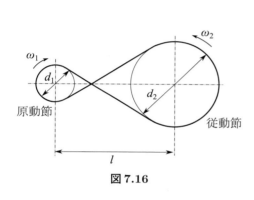

図 7.16

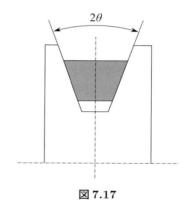

図 7.17

8 機構の運動解析

これまで各種機構およびその基本的な動きを紹介した．本章では，機構の運動を記述するための運動方程式の立て方について述べる．

8.1 運動の記述

物体の運動を数式に表したものを運動方程式という．本章では，**ラグランジュ方程式**と**混合微分代数方程式（DAE, differential algebraic equation）**による運動の記述方法を示す．ニュートン力学による運動方程式の導出が難しい場合でも，これらの方法を用いると比較的簡単に導出できる．

8.2 ラグランジュ方程式による求め方

ラグランジュ方程式は，ニュートン力学における運動方程式を異なる形で記述したものである．ラグランジュ方程式は，式 (8.1) で表される．なお，ラグランジュ方程式の導出方法については他の教科書を参照されたい．

$$\frac{d}{dt}\left(\frac{\partial L}{\partial \dot{q}_i}\right) - \frac{\partial L}{\partial q_i} + \frac{\partial R}{\partial \dot{q}_i} = F_i \quad (i = 1, 2, 3, \cdots, n) \tag{8.1}$$

ここで，L はラグランジアン，R は散逸エネルギ，F は一般化力，q は一般化座標である．ラグランジアン L は式 (8.2) で表される．

$$L = T - U \tag{8.2}$$

T は運動エネルギ，U は位置エネルギである．

第 8 章　機構の運動解析

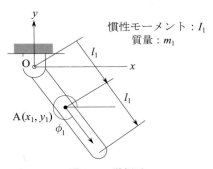

図 8.1　単振子

　理解を容易にするために，図 8.1 に示す単振子について考えてみる．単振子の運動方程式を，ラグランジュ方程式を用いて求める．

　点 A の座標は次式となる．

$$\begin{cases} x_1 = l_1 \cos\phi_1, & \dot{x}_1 = -\dot{\phi}_1 l_1 \sin\phi_1 \\ y_1 = l_1 \sin\phi_1, & \dot{y}_1 = \dot{\phi}_1 l_1 \cos\phi_1 \end{cases} \tag{8.3}$$

すると，運動エネルギ T は

$$\begin{aligned} T &= \frac{1}{2}m_1 \dot{x}_1^2 + \frac{1}{2}m_1 \dot{y}_1^2 + \frac{1}{2}I_1 \dot{\phi}_1^2 \\ &= \frac{1}{2}m_1 \dot{\phi}_1^2 l_1^2 \sin^2\phi_1 + \frac{1}{2}m_1 \dot{\phi}_1^2 l_1^2 \cos^2\phi_1 + \frac{1}{2}I_1 \dot{\phi}_1^2 \\ &= \frac{1}{2}m_1 l_1^2 \dot{\phi}_1^2 + \frac{1}{2}I_1 \dot{\phi}_1^2 \end{aligned} \tag{8.4}$$

であり，ポテンシャルエネルギ U は

$$U = m_1 g y_1 = m_1 g l_1 \sin\phi_1 \tag{8.5}$$

と表される．よって，ラグランジアン L は

$$L = T - U = \frac{1}{2}m_1 l_1^2 \dot{\phi}_1^2 + \frac{1}{2}I_1 \dot{\phi}_1^2 - m_1 g l_1 \sin\phi_1 \tag{8.6}$$

これより，次式を得る．

$$\begin{cases} \dfrac{\partial L}{\partial x_1} = 0 \\[4pt] \dfrac{\partial L}{\partial y_1} = 0 \\[4pt] \dfrac{\partial L}{\partial \phi_1} = -m_1 g l_1 \cos\phi_1 \end{cases} \begin{cases} \dfrac{\partial L}{\partial \dot{x}_1} = 0 \\[4pt] \dfrac{\partial L}{\partial \dot{y}_1} = 0 \\[4pt] \dfrac{\partial L}{\partial \dot{\phi}_1} = m_1 l_1^2 \dot{\phi}_1 + I_1 \dot{\phi}_1 \end{cases} \begin{cases} \dfrac{d}{dt}\dfrac{\partial L}{\partial \dot{x}_1} = 0 \\[4pt] \dfrac{d}{dt}\dfrac{\partial L}{\partial \dot{y}_1} = 0 \\[4pt] \dfrac{d}{dt}\dfrac{\partial L}{\partial \dot{\phi}_1} = m_1 l_1^2 \ddot{\phi}_1 + I_1 \ddot{\phi}_1 \end{cases} \tag{8.7}$$

よって，式 (8.1) より，次の運動方程式が求まる．

$$m_1 l_1^2 \ddot{\phi}_1 + I_1 \ddot{\phi}_1 + m_1 g l_1 \cos \phi_1 = 0 \tag{8.8}$$

8.3 混合微分代数方程式 (DAE) による求め方

混合微分代数方程式は，微分方程式と代数方程式が混在する方程式である．各物体の運動方程式と幾何的な拘束式とを連立させて同時に解く手法である．DAE は，式 (8.9) で表される．導出の詳細は，ほかの参考書を参照されたい．

$$\begin{bmatrix} M & \Phi_q^T \\ \Phi_q & 0 \end{bmatrix} \begin{Bmatrix} \ddot{q} \\ \lambda \end{Bmatrix} = \begin{Bmatrix} Q \\ \gamma \end{Bmatrix} \tag{8.9}$$

ここで，q は一般化座標ベクトル，M は質量行列，Q は一般化力，λ はラグランジュ乗数，Φ は拘束式である．拘束式

$$\Phi(q, t) = 0 \tag{8.10}$$

より

$$\Phi_q \dot{q} = -\Phi_t = V \tag{8.11}$$

$$\Phi_q \ddot{q} = -(\Phi_q \dot{q})_q \dot{q} - 2\Phi_{qt} \dot{q} - \Phi_{tt} = \Gamma \tag{8.12}$$

である．式 (8.9) を解くと，拘束条件が直接的に t の関数でない場合 ($\Phi_t = 0$) は次式に示す $\ddot{q}$ が得られる．

$$\ddot{q} = \{M^{-1} - M^{-1}\Phi_q^T(\Phi_q M^{-1}\Phi_q^T)^{-1}\Phi_q M^{-1}\}Q^A$$
$$- M^{-1}\Phi_q^T(\Phi_q M^{-1}\Phi_q^T)^{-1}(\Phi_q \dot{q})_q \dot{q} \tag{8.13}$$

図 8.1 に示す単振子の運動方程式を，混合微分代数方程式を用いて求めてみよう．

一般化座標ベクトルは，次式となる．

$$q = \{x_1 \ y_1 \ \phi_1\}^T \tag{8.14}$$

質量行列は

$$M = \begin{bmatrix} m_1 & 0 & 0 \\ 0 & m_1 & 0 \\ 0 & 0 & I_1 \end{bmatrix} \tag{8.15}$$

と表される.

拘束条件式は

$$\Phi(q) = \begin{Bmatrix} x_1 - l_1 \cos\phi_1 \\ y_1 - l_1 \sin\phi_1 \end{Bmatrix} = \mathbf{0} \tag{8.16}$$

である.これより,ヤコビ行列は

$$\Phi_q = \begin{bmatrix} 1 & 0 & l_1 \sin\phi_1 \\ 0 & 1 & -l_1 \cos\phi_1 \end{bmatrix} \tag{8.17}$$

$$\Phi_q \dot{q} = \begin{bmatrix} 1 & 0 & l_1 \sin\phi_1 \\ 0 & 1 & -l_1 \cos\phi_1 \end{bmatrix} \begin{Bmatrix} \dot{x}_1 \\ \dot{y}_1 \\ \dot{\phi}_1 \end{Bmatrix} = \begin{Bmatrix} \dot{x}_1 + l_1 \dot{\phi}_1 \sin\phi_1 \\ \dot{y}_1 - l_1 \dot{\phi}_1 \cos\phi_1 \end{Bmatrix} \tag{8.18}$$

$$(\Phi_q \dot{q})_q = \begin{bmatrix} 0 & 0 & l_1 \dot{\phi}_1 \cos\phi_1 \\ 0 & 0 & l_1 \dot{\phi}_1 \sin\phi_1 \end{bmatrix} \tag{8.19}$$

$$\gamma = -(\Phi_q \dot{q})_q \dot{q} = - \begin{bmatrix} 0 & 0 & l_1 \dot{\phi}_1 \cos\phi_1 \\ 0 & 0 & l_1 \dot{\phi}_1 \sin\phi_1 \end{bmatrix} \begin{Bmatrix} \dot{x}_1 \\ \dot{y}_1 \\ \dot{\phi}_1 \end{Bmatrix} = \begin{Bmatrix} -l_1 \dot{\phi}_1^2 \cos\phi_1 \\ -l_1 \dot{\phi}_1^2 \sin\phi_1 \end{Bmatrix} \tag{8.20}$$

となる.

一般化力は,今の場合,重力のみであるから

$$Q = \begin{Bmatrix} 0 \\ -m_1 g \\ 0 \end{Bmatrix} \tag{8.21}$$

となる.

したがって,まとめると,DAE は

$$\left[\begin{array}{ccc|cc} m_1 & 0 & 0 & 1 & 0 \\ 0 & m_1 & 0 & 0 & 1 \\ 0 & 0 & I_1 & l_1 \sin\phi_1 & -l_1 \cos\phi_1 \\ \hline 1 & 0 & l_1 \sin\phi_1 & 0 & 0 \\ 0 & 1 & -l_1 \cos\phi_1 & 0 & 0 \end{array}\right] \begin{Bmatrix} \ddot{x}_1 \\ \ddot{y}_1 \\ \ddot{\phi}_1 \\ \lambda_1 \\ \lambda_2 \end{Bmatrix} = \begin{Bmatrix} 0 \\ -m_1 g \\ 0 \\ -l_1 \dot{\phi}_1^2 \cos\phi_1 \\ -l_1 \dot{\phi}_1^2 \sin\phi_1 \end{Bmatrix} \tag{8.22}$$

$$\begin{cases} m_1\ddot{x}_1 + \lambda_1 = 0 & (8.23\text{a}) \\ m_1\ddot{y}_1 + \lambda_2 = -m_1 g & (8.23\text{b}) \\ I_1\ddot{\phi}_1 + \lambda_1 l_1 \sin\phi_1 - \lambda_2 l_1 \cos\phi_1 = 0 & (8.23\text{c}) \\ \ddot{x}_1 + l_1\ddot{\phi}_1 \sin\phi_1 = -l_1\dot{\phi}_1^2 \cos\phi_1 & (8.23\text{d}) \\ \ddot{y}_1 - l_1\ddot{\phi}_1 \cos\phi_1 = -l_1\dot{\phi}_1^2 \sin\phi_1 & (8.23\text{e}) \end{cases}$$

となる.

式 (8.23a), 式 (8.23d) より

$$\lambda_1 = -m_1\ddot{x}_1 = m_1 l_1 \dot{\phi}_1^2 \cos\phi_1 + m_1 l_1 \ddot{\phi}_1 \sin\phi_1 \tag{8.24}$$

式 (8.23b), 式 (8.23e) より

$$\lambda_2 = -m_1\ddot{y}_1 - m_1 g = m_1 l_1 \dot{\phi}_1^2 \sin\phi_1 - m_1 l_1 \ddot{\phi}_1 \cos\phi_1 - m_1 g \tag{8.25}$$

が得られる.

式 (8.24), (8.25) を式 (8.23c) に代入し, 整理すると

$$I_1\ddot{\phi}_1 + m_1 l_1^2 \ddot{\phi}_1 + m_1 g l_1 \cos\phi_1 = 0 \tag{8.26}$$

が得られる.

以上のとおり, 混合微分代数方程式を用いても, ラグランジュ方程式から導出した解と同式が得られることがわかる.

このように, 自由度の少ない系に対しては, ラグランジュ方程式による求め方を用いても運動方程式は導出可能であるが, 自由度の多い複雑な系に対しては運動方程式の導出が煩雑また困難となる. したがって, その場合, 混合微分代数方程式を用い, それぞれのマトリックスの成分を求めて, プログラムに代入して運動解析を行うことになる. 章末問題に自由度を増やした場合の振子について取り扱っているため, 確認されたい.

演習問題

8.1 図8.2に示す二重振子の運動方程式を，ラグランジュ方程式を用いて求めよ．また，混合微分代数方程式を用いて求めた結果と一致することを確認せよ．

8.2 図8.3に示す三重振子の運動方程式を，ラグランジュ方程式を用いて求めよ．また，混合微分代数方程式を用いて求めた結果と一致することを確認せよ．

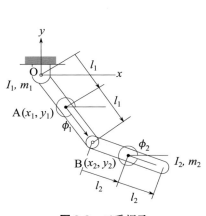

図 8.2 二重振子

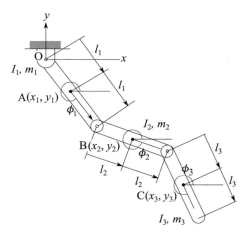

図 8.3 三重振子

演習問題解答例

第1章

1.1 (a) 機素の数 $N = 10$

自由度1の対偶の数 $n_1 = 12$

自由度2の対偶の数 $n_2 = 0$

したがって，求める自由度は

$$F = 3(10 - 1) - (2 \times 12 + 1 \times 0) = 27 - 24 = 3 \tag{1a}$$

(b) 機素の数 $N = 6$

自由度1の対偶の数 $n_1 = 7$

自由度2の対偶の数 $n_2 = 0$

したがって，求める自由度は

$$F = 3(6 - 1) - (2 \times 7 + 1 \times 0) = 15 - 14 = 1 \tag{2a}$$

(c) 機素の数 $N = 4$，自由度1の対偶の数 $n_1 = 4$

自由度2の対偶の数 $n_2 = 0$

したがって，求める自由度は

$$F = 3(4 - 1) - (2 \times 4 + 1 \times 0) = 9 - 8 = 1 \tag{3a}$$

1.2 $N = 5, n_1 = 6, n_2 = 0$ であるから，自由度の公式から

$$F = 3(5 - 1) - (2 \times 6 + 1 \times 0) = 12 - 12 = 0 \tag{4a}$$

となり，本来は動かない．しかし，四角形ABCDが平行四辺形で，かつ AB = EF（つまり，四角形ABEFも平行四辺形）のときのみ，AB, CDは上下に逆方向に動くことができる．

第2章

2.1 図1aに示すように，てこCDが左に動くときすなわちC_1からC_3に動くときはクランクABはB_1から反時計回りにB_3まで回る．このときの角度をϕ_lとする．てこCDが右に動くときすなわちC_3からC_1に動くときは，クランクABはB_3から反時計回りにB_1まで回る．このときの角度をϕ_rとする（$\phi_r + \phi_l = 360$ deg）．等速で回転しているので動く時間は回転角度に比例する．そのため，ϕ_r, ϕ_lの大小を比べればよい．

$$\cos \angle C_1 AD = \frac{(40+10)^2 + 35^2 - 25^2}{2 \cdot (40+10) \cdot 35} = 0.886 \tag{5a}$$

よって，$\angle C_1 AD = 27.6$ degとなる．また，$\triangle C_3 DA$において余弦定理より

$$\cos \angle C_3 AD = \frac{(40-10)^2 + 35^2 - 25^2}{2 \cdot (40-10) \cdot 35} = 0.714 \tag{6a}$$

よって，$\angle C_3 AD = 44.4$ degとなる．これより$\angle C_2 AC_1 = 16.8$ degとなる．これより左に動くときは$\phi_l = 180 + 16.8 = 196.8$ deg，右に動くときは$\phi_r = 180 - 16.8 = 163.2$ degであり，$\phi_r < \phi_l$となることがわかる．これより，右に戻るときの方がクランクABの回転の角度が小さいので早戻りであることがわかる．

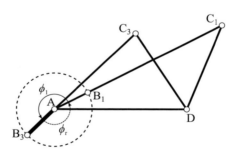

図1a てこクランクのクランクの回転角

2.2 両てこ機構にするためには，最小リンクの対辺を固定すればよいので，リンクCDを固定すればよい．リンクBCが最も右（リンクADが最も右）になるのは図2aでD, A, Bがこの順で一直線に並ぶときである．そのときのA, BをそれぞれA_1, B_1とする．リンクBCが最も左（リンクADが最も左）になるのは図2aでA, B, Cがこの順で一直線に並ぶときである．そのときのA, BをそれぞれA_2, B_2とする．リンクADの揺動角は$\angle A_1 DA_2 = \angle A_2 DC - \angle A_1 DC$，リンクBCの揺動角は$\angle B_1 CB_2 = \angle B_1 CD - \angle B_2 CD$である．$\triangle B_1 DC$において余弦定理より

$$\cos \angle A_1 DC = \frac{25^2 + (10+35)^2 - 40^2}{2 \cdot 25 \cdot (10+35)} = 0.467 \tag{7a}$$

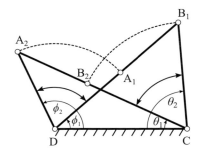

図 2a 両てこ機構の揺動角

$$\cos \angle B_1 CD = \frac{25^2 + 40^2 - (10+35)^2}{2 \cdot 25 \cdot 40} = 0.100 \tag{8a}$$

よって，$\angle A_1 DC = 62.2$ deg, $\angle B_1 CD = 84.3$ deg となる．また，$\triangle A_2 DC$ において余弦定理より

$$\cos \angle A_2 DC = \frac{25^2 + 35^2 - (40+10)^2}{2 \cdot 25 \cdot 35} = -0.371 \tag{9a}$$

$$\cos \angle B_2 CD = \frac{25^2 + (40+10)^2 - 35^2}{2 \cdot 25 \cdot (40+10)} = 0.760 \tag{10a}$$

よって，$\angle A_2 DC = 111.8$ deg, $\angle B_2 CD = 40.5$ deg となる．よって，てこ AD の揺動角は $\angle A_1 DA_2 = 49.6$ deg, てこ BC の揺動角は $\angle B_1 CB_2 = 43.8$ deg となる．

2.3 点 A を原点，x 軸を点 A を通りスライダの動く方向に平行にとる．x 軸，y 軸方向の変位を考えると

$$x_0 = a\cos\theta + b\cos\phi \tag{11a}$$

$$a\sin\theta = b\sin\phi + e \tag{12a}$$

とかける．これより ϕ を消去すると，変位 x_o は

$$x_o = a\cos\theta + b\sqrt{1 - \left(\frac{a\sin\theta - e}{b}\right)^2} = a\cos\theta + \sqrt{b^2 - (a\sin\theta - e)^2} \tag{13a}$$

と示せる．

次に往復スライダクランク機構でスライダの点 A からの変位を x_s とする．往復スライダクランク機構の x_s の最大値，最小値はそれぞれ $a+b = 10+30 = 40$ cm, $b-a = 30-10 = 20$ cm となる．一方，オフセットスライダクランク機構では最大値は図3a(a)に示すように

$$x_{o\,\max} = \sqrt{(a+b)^2 - e^2} = \sqrt{(10+30)^2 - 3^2} = 39.8 \tag{14a}$$

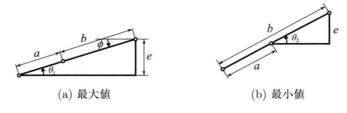

(a) 最大値　　　　　　　　(b) 最小値

図 3a　オフセットスライダクランク機構の変位の最大値，最小値

であり，40 cm との誤差は 0.25 % 程度である．ちなみに $\theta_1 = \sin^{-1}(3/40) = 4.3$ deg である．最小値は図 3a(b) に示すように

$$x_{\text{o min}} = \sqrt{(b-a)^2 - e^2} = \sqrt{(30-10)^2 - 3^2} = 19.8 \tag{15a}$$

であり，20 cm との誤差は 1.0 % 程度である．ちなみに $\theta_2 = \sin^{-1}(3/20) = 8.6$ deg である．

2.4 例題 2.5 と同じく進めることもできるが，ここでは少し異なる流れで進める．図 2.22(b) と同様に四角形であるリンク機構を 2 つの三角形 ABD と BCD に分ける．2 つの三角形においてベクトル方程式を作ると

$$\overrightarrow{\text{BD}} = \overrightarrow{\text{AD}} - \overrightarrow{\text{AB}} \tag{16a}$$

$$\overrightarrow{\text{BD}} = \overrightarrow{\text{BC}} - \overrightarrow{\text{DC}} \tag{17a}$$

とかける．$\overrightarrow{\text{BC}}$ と実軸のなす角 θ_B とおき，上式で $\overrightarrow{\text{BD}}$ を消去して複素数で表すと

$$d - ae^{i\phi} = be^{i\theta_B} - ce^{i\theta} \tag{18a}$$

とかける．ここで θ_B と θ が未知数である．実部，虚部に分けて並べ替えると

$$b\cos\theta_B = -a\cos\phi + d + c\cos\theta \tag{19a}$$

$$b\sin\theta_B = -a\sin\phi + c\sin\theta \tag{20a}$$

となる．両辺を自乗して足し合わせ，θ_B を消去し，整理すると

$$2c\{(a\cos\phi - d)\cos\theta + a\sin\phi\sin\theta\} = c^2 - b^2 + (a^2 + d^2 - 2ad\cos\phi) \tag{21a}$$

となる．ここで

$$p^2 = a^2 - 2ad\cos\phi + d^2 \tag{22a}$$

とおけば

$$(a\cos\phi - d)^2 + (a\sin\phi)^2 = p^2 \tag{23a}$$

となることから ψ を

$$\cos\psi = \frac{a\cos\phi - d}{p}, \quad \sin\psi = \frac{a\sin\phi}{p} \tag{24a}$$

で定義すれば式 (21a) は

$$\cos(\psi - \theta) = \frac{c^2 + p^2 - b^2}{2cp} \tag{25a}$$

と変形できる．ちなみに，この ψ は例題 2.5 の θ_P に対応している．これより θ が求められる．θ が決まれば，式 (19a), (20a) より θ_B が求められる．次に，式 (18a) を微分し，i で割って

$$a\dot\phi e^{i\phi} + b\dot\theta_B e^{i\theta_B} = c\dot\theta e^{i\theta} \tag{26a}$$

とかける．両辺に $e^{-i\theta_B}$ を掛けると

$$a\dot\phi e^{i(\phi-\theta_B)} + b\dot\theta_B = c\dot\theta e^{i(\theta-\theta_B)} \tag{27a}$$

となる．これの虚部には $\dot\theta_B$ は含まれないので角速度 $\dot\theta$ を求めれば

$$\dot\theta = \frac{a\sin(\phi - \theta_B)}{c\sin(\theta - \theta_B)}\dot\phi \tag{28a}$$

で求められる．

ここで各リンクの長さなどを代入していく．p は

$$p = \sqrt{25^2 + 10^2 - 2\times 25\times 10\cos 90°} = \sqrt{725} = 26.926 \tag{29a}$$

で与えられる．

$$\cos\psi = \frac{25\cos 90° - 10}{26.926} = -0.371, \quad \sin\psi = \frac{25\sin 90°}{26.926} = 0.928 \tag{30a}$$

より，$\psi = 111.8°$ となる．

$$\cos(\psi - \theta) = \frac{22^2 + 725 - 15^2}{2\times 22\times 26.926} = 0.831 \tag{31a}$$

これとリンクの形状から，$\psi - \theta = 33.8°$，すなわち角度は $\theta = 78.0°$ である．次に

$$\cos\theta_B = \frac{-25\cos 90° + 10 + 22\cos 78.0°}{15} = 0.972 \tag{32a}$$

$$\sin\theta_B = \frac{-25\sin 90° + 22\sin 78.0°}{15} = -0.232 \tag{33a}$$

より $\theta_B = 346.6°$ が得られる．最後に角速度は

$$\dot\theta = \frac{25\sin(90° - 346.6°)}{22\sin(78.0° - 346.6°)} \times 2 = 2.21 \text{ rad/s} \tag{34a}$$

と求められる．

2.5 (1) △OACでベクトル方程式を考えると

$$\overrightarrow{OC} = \overrightarrow{OA} + \overrightarrow{AC} \tag{35a}$$

点Cは複素数で示すと$x_0 + i0$とかける．また，点Aは$ae^{i\theta}$，$\overrightarrow{AC}$は$ce^{i(2\pi-\phi)} = ce^{-i\phi}$とかける．ここで図4aに示すように実軸($x$軸)から反時計回りに角度をとる．これより

$$x_0 + i0 = ae^{i\theta} + ce^{-i\phi} = a(\cos\theta + i\sin\theta) + c(\cos\phi - i\sin\phi)$$
$$= (a\cos\theta + c\cos\phi) + i(a\sin\theta - c\sin\phi) \tag{36a}$$

実部をとると変位x_0は

$$x_0 = a\cos\theta + c\cos\phi \tag{37a}$$

となる．

(2) 式(36a)の虚部をとると

$$0 = a\sin\theta - c\sin\phi \tag{38a}$$

すなわち

$$a\sin\theta = c\sin\phi \tag{39a}$$

となり，θとϕの関係式が得られた．

(3)

$$\overrightarrow{OB} = \overrightarrow{OA} + \overrightarrow{AB} \tag{40a}$$

となることから$\overrightarrow{AB}$は$be^{i(\pi-\phi)} = be^{i\pi}e^{-i\phi} = -be^{-i\phi}$とかけることから，$\overrightarrow{OB}$を複素数で示すと

$$ae^{i\theta} - be^{-i\phi} = a(\cos\theta + i\sin\theta) - b(\cos\phi - i\sin\phi)$$
$$= (a\cos\theta - b\cos\phi) + i(a\sin\theta + b\sin\phi) \tag{41a}$$

よってB$(a\cos\theta - b\cos\phi, a\sin\theta + b\sin\phi)$となる．

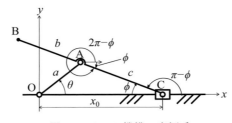

図4a　リンク機構の座標系

(4) 点 B の x 座標が θ にかかわらず 0 であればいいので

$$a\cos\theta - b\cos\phi = 0 \tag{42a}$$

すなわち

$$a^2\cos^2\theta = b^2\cos^2\phi = b^2(1-\sin^2\phi) \tag{43a}$$

$$a^2(1-\sin^2\theta) = b^2\left(1 - \frac{a^2}{c^2}\sin^2\theta\right) \tag{44a}$$

$$c^2(a^2-b^2) + a^2(b^2-c^2)\sin^2\theta = 0 \tag{45a}$$

と変形できる. 任意の θ に対して式 (45a) が成り立つためには

$$0 = c^2(a^2-b^2) = c^2(a+b)(a-b) \tag{46a}$$

$$0 = a^2(b^2-c^2) = a^2(b+c)(b-c) \tag{47a}$$

と $a>0$, $b>0$, $c>0$ より

$$a = b = c \tag{48a}$$

となる. このとき式 (39a), 式 (42a) より $\theta = \phi$ となり, 点 B は確かに y 軸上にある.

2.6 一定の角速度で回転していることから $\dot{\theta} = \omega$ である. また, $\lambda = 100/500 = 1/5$ である. これより時刻 t でピストン変位を微分すると速度, 加速度は

$$\dot{x}_\mathrm{p} = -r\omega(\sin\theta + \frac{\lambda}{2}\sin 2\theta) \tag{49a}$$

$$\ddot{x}_\mathrm{p} = -r\omega^2(\cos\theta + \lambda\cos 2\theta) \tag{50a}$$

となる. $\dot{x}_\mathrm{p}$ が最大になるのは $\ddot{x}_\mathrm{p} = 0$ のときを考えればよい.

$$0 = \ddot{x}_\mathrm{p} = -r\omega^2(\cos\theta + \lambda(2\cos^2\theta - 1)) \tag{51a}$$

より

$$2\lambda\cos^2\theta + \cos\theta - \lambda = 0 \tag{52a}$$

が得られる. これより

$$\cos\theta = \frac{-1 \pm \sqrt{1+8\lambda^2}}{4\lambda} = 0.186, -2.69 \tag{53a}$$

と解ける. $-1 \leq \cos\theta \leq 1$ であることから

$$\cos\theta = 0.186 \tag{54a}$$

θ	0°	79.3°	180°	280.7°	360°
$\cos\theta$	1	0.186	-1	0.186	1
$\ddot{x}_\mathrm{p}$	$-$	$+$	$+$	0	$-$
$\dot{x}_\mathrm{p}$	↘	極小 ↗	↗	極大	↘

すなわち $\theta = 79.3°, 280.7°$ である．増減表を示すと，$\dot{x}_\mathrm{p}$ が最大になるのは $\theta = 280.7°$ のときとなる．このとき最大速度は

$$\dot{x}_\mathrm{p} = -(100 \times 10^{-3}) \times \left(1200 \times \frac{2\pi}{60}\right) \times \left(\sin 280.7° + \frac{1}{2\cdot 5}\sin(2 \times 280.7°)\right) = 12.81 \text{ m/s} \tag{55a}$$

となる．

2.7 △OBC においてベクトル方程式を立てると

$$\overrightarrow{OC} = \overrightarrow{OB} - \overrightarrow{CB} \tag{56a}$$

とかける．$\overrightarrow{OC}, \overrightarrow{OB}, \overrightarrow{CB}$ はそれぞれ複素数で表すと，$-d$, $ae^{i(\pi-\theta)} = -ae^{-i\theta}$, $le^{i\phi}$ とかける ($l = \mathrm{BC}$) ことから，ベクトル方程式は

$$-d = -ae^{-i\theta} - le^{i\phi} \tag{57a}$$

すなわち

$$ae^{-i\theta} + le^{i\phi} = d \tag{58a}$$

とかける．ここで l と ϕ が未知である．実部，虚部に分けると

$$\begin{cases} l\cos\phi = d - a\cos\theta \\ l\sin\phi = a\sin\theta \end{cases} \tag{59a}$$

となり，両辺自乗して足し合わせると

$$l^2 = a^2 + d^2 - 2ad\cos\theta \tag{60a}$$

となり，この結果と式 (59a) から

$$\begin{cases} \cos\phi = \dfrac{d - a\cos\theta}{l} \\ \sin\phi = \dfrac{a\sin\theta}{l} \end{cases} \tag{61a}$$

となり，ϕ が求められる．式 (58a) を微分すると

$$-ia\dot\theta e^{-i\theta} + \dot l e^{i\phi} + il\dot\phi e^{i\phi} = 0 \tag{62a}$$

が得られる．$\dot{l}$ と $\dot{\phi}$ が未知である．両辺に $e^{-i\phi}$ を掛けると

$$-ia\dot{\theta}e^{-i(\theta+\phi)} + \dot{l} + il\dot{\phi} = 0 \tag{63a}$$

となる．これを実部，虚部に分けると

$$\begin{cases} -a\dot{\theta}\sin(\theta+\phi) + \dot{l} = 0 \\ -a\dot{\theta}\cos(\theta+\phi) + l\dot{\phi} = 0 \end{cases} \tag{64a}$$

とかける．これらから

$$\dot{\phi} = \frac{a\dot{\theta}\cos(\theta+\phi)}{l} \tag{65a}$$

$$\dot{l} = a\dot{\theta}\sin(\theta+\phi) \tag{66a}$$

と角速度 $\dot{\phi}$ と長さ $\dot{l}$ が求められる．式 (62a) をさらに微分すると

$$-a\dot{\theta}^2 e^{-i\theta} + \ddot{l}e^{i\phi} + 2i\dot{l}\dot{\phi}e^{i\phi} + il\ddot{\phi}e^{i\phi} - l\dot{\phi}^2 e^{i\phi} = 0 \tag{67a}$$

が得られる．ここで両辺に $e^{-i\phi}$ を掛けると

$$-a\dot{\theta}^2 e^{-i(\theta+\phi)} + \ddot{l} + 2i\dot{l}\dot{\phi} + il\ddot{\phi} - l\dot{\phi}^2 = 0 \tag{68a}$$

が得られる．この虚部を取り出すと

$$a\dot{\theta}^2\sin(\theta+\phi) + 2\dot{l}\dot{\phi} + l\ddot{\phi} = 0 \tag{69a}$$

より角加速度は

$$\ddot{\phi} = \frac{-a\dot{\theta}^2\sin(\theta+\phi) - 2\dot{l}\dot{\phi}}{l} \tag{70a}$$

と求められる．

ここで数値を代入していく．$\omega_0 = \dot{\theta} = 5$ rad/s であり，長さ l は

$$l^2 = 100^2 + 3 \cdot 100^2 - 2 \cdot 100 \cdot 100\sqrt{3}\cos\frac{\pi}{2} = 200^2 \tag{71a}$$

であり，角度 ϕ は

$$\begin{cases} \cos\phi = \dfrac{100\sqrt{3} - 100\cos(\pi/2)}{200} = \dfrac{\sqrt{3}}{2} \\ \sin\phi = \dfrac{100\sin(\pi/2)}{200} = \dfrac{1}{2} \end{cases} \tag{72a}$$

から $\phi = \pi/6$ となる．次いで角速度 $\dot{\phi}$ と速度 $\dot{l}$ は

$$\dot{\phi} = \frac{100 \cdot 5 \cos((\pi/2) + (\pi/6))}{200} = -1.25 \text{ rad/s} \tag{73a}$$

$$\dot{l} = 100 \cdot 5 \sin((\pi/2) + (\pi/6)) = 250\sqrt{3} \text{ m/s} \tag{74a}$$

となる．最後に角加速度は

$$\ddot{\phi} = \frac{-100 \cdot 5^2 \sin((\pi/2) + (\pi/6)) - 2 \cdot 250\sqrt{3}(-1.25)}{200} = \frac{-625\sqrt{3}}{200} = -5.41 \text{ rad/s}^2 \tag{75a}$$

となる．
(注) (59a) で l を消去すると

$$\tan \phi = \frac{a \sin \theta}{d - a \cos \theta} \tag{76a}$$

が得られるので，これを微分して $\ddot{\phi}$ を求めてもよい．

第 3 章

3.1 xyz 座標系では $x = r_0 \cos\theta$, $y = r_0 \sin\theta$, $z = p \sin\theta$, $\theta = \omega t$ より

$$\begin{cases} \dot{x} = -r_0 \dot{\theta} \sin\theta = -r_0 \omega \sin\theta \\ \dot{y} = r_0 \dot{\theta} \cos\theta = r_0 \omega \cos\theta \\ \dot{z} = p \dot{\theta} \cos\theta = p \omega \cos\theta \end{cases} \tag{77a}$$

となる．速度の大きさは

$$\sqrt{\dot{x}^2 + \dot{y}^2 + \dot{z}^2} = \omega \sqrt{r_0^2 + p^2 \cos^2\theta} \tag{78a}$$

である．また加速度は

$$\begin{cases} \ddot{x} = -r_0 \omega^2 \cos\theta \\ \ddot{y} = -r_0 \omega^2 \sin\theta \\ \ddot{z} = -p\omega^2 \sin\theta \end{cases} \tag{79a}$$

となる．その大きさは

$$\sqrt{\ddot{x}^2 + \ddot{y}^2 + \ddot{z}^2} = \omega^2 \sqrt{r_0^2 + p^2 \sin^2\theta} \tag{80a}$$

である．

円柱座標系では半径方向，円周方向，垂直方向の単位ベクトルを $\boldsymbol{i}_r$, $\boldsymbol{i}_\theta$, $\boldsymbol{i}_z$ とすると

$$\boldsymbol{r} = \sqrt{x^2 + y^2}\boldsymbol{i}_r + z\boldsymbol{i}_z = r_0 \boldsymbol{i}_r + p \sin\theta \boldsymbol{i}_z \tag{81a}$$

とかける．これより速度は

$$\dot{\boldsymbol{r}} = r_0(\dot{\theta}\boldsymbol{i}_\theta) + p\cos\theta\dot{\theta}\boldsymbol{i}_z + p\sin\theta\boldsymbol{0} = r_0\omega\boldsymbol{i}_\theta + p\omega\cos\theta\boldsymbol{i}_z \tag{82a}$$

となり，加速度は

$$\ddot{\boldsymbol{r}} = -r_0\omega^2\boldsymbol{i}_r - p\omega^2\sin\theta\boldsymbol{i}_z \tag{83a}$$

となる．速度，加速度の大きさは

$$|\dot{\boldsymbol{r}}| = \omega\sqrt{r_0^2 + p^2\cos^2\theta} \tag{84a}$$

$$|\ddot{\boldsymbol{r}}| = \sqrt{\ddot{x}^2 + \ddot{y}^2 + \ddot{z}^2} = \omega^2\sqrt{r_0^2 + p^2\sin^2\theta} \tag{85a}$$

となる．（直角座標と同じ）

点 P の z 方向変位が最大となるとき

$$z = p\sin\theta = p \tag{86a}$$

より

$$\sin\theta = 1 \tag{87a}$$

すなわち

$$\theta = \omega t = \frac{\pi}{2} \tag{88a}$$

となる．直角座標では

$$\begin{cases} \ddot{x} = -r_0\omega^2 0 = 0 \\ \ddot{y} = -r_0\omega^2 1 = -r_0\omega^2 \\ \ddot{z} = p\omega^2 1 = p\omega^2 \end{cases} \tag{89a}$$

より

$$\sqrt{\ddot{x}^2 + \ddot{y}^2 + \ddot{z}^2} = \omega^2\sqrt{r_0^2 + p^2} \tag{90a}$$

となる．

円柱座標系では

$$\ddot{\boldsymbol{r}} = -r_0\omega^2\boldsymbol{i}_r - p\omega^2 1\boldsymbol{i}_z = -r_0\omega^2\boldsymbol{i}_r - p\omega^2\boldsymbol{i}_z \tag{91a}$$

より加速度の大きさは

$$|\ddot{\boldsymbol{r}}| = \sqrt{r_0^2\omega^4 + p^2\omega^4} = \omega^2\sqrt{r_0^2 + p^2} \tag{92a}$$

となる．（直角座標と同じ）

3.2 (1) 球座標系 (r,ϕ,θ) を図 5a のようにとる.

注意: 球座標系の ϕ と, この問題の β は座標のとり方が違う. ($\phi = \pi/2 - \beta$)
この座標系では i_θ の軸まわりに $\dot\phi$ の角速度, z 軸まわりに, $\dot\theta$ の角速度で回転していることから座標系の回転角速度のベクトル $\boldsymbol{\omega}$ は z 方向の単位ベクトルを $\boldsymbol{z}$ とすれば

$$\boldsymbol{\omega} = \dot\theta \boldsymbol{k} + \dot\phi \boldsymbol{i}_\theta \tag{93a}$$

とかける (右ねじの進む方向が正). 単位ベクトル $\boldsymbol{z}$ は図 3.5 より, $\boldsymbol{i}_r$, $\boldsymbol{i}_\phi$ を用いて示すと

$$\boldsymbol{k} = \cos\phi \boldsymbol{i}_r - \sin\phi \boldsymbol{i}_\phi \tag{94a}$$

となる. これより球座標系の単位ベクトルを用いて回転角速度ベクトルを表すと

$$\boldsymbol{\omega} = \dot\theta \cos\phi \boldsymbol{i}_r - \dot\theta \sin\phi \boldsymbol{i}_\phi + \dot\phi \boldsymbol{i}_\theta \tag{95a}$$

となる. $\phi = \pi/2 - \beta$ に注意すると

$$\boldsymbol{\omega} = \dot\theta \cos\left(\frac{\pi}{2} - \beta\right)\boldsymbol{i}_r - \dot\theta \sin\left(\frac{\pi}{2} - \beta\right)\boldsymbol{i}_\phi + \frac{d}{dt}\left(\frac{\pi}{2} - \beta\right)\boldsymbol{i}_\theta = \omega \sin\beta \boldsymbol{i}_r - \omega \cos\beta \boldsymbol{i}_\phi - \dot\beta \boldsymbol{i}_\theta \tag{96a}$$

(2) $\boldsymbol{r}$ は球座標では

$$\boldsymbol{r} = r \boldsymbol{i}_r \tag{97a}$$

とかける. これより

$$\dot{\boldsymbol{r}} = \dot{r}\boldsymbol{i}_r + r\frac{d\boldsymbol{i}_r}{dt} = \dot{r}\boldsymbol{i}_r + r(\boldsymbol{\omega} \times \boldsymbol{i}_r)$$

$$= \dot{r}\boldsymbol{i}_r + r(\omega \sin\phi \boldsymbol{i}_r - \omega \cos\phi \boldsymbol{i}_\phi - \dot\beta \boldsymbol{i}_\theta) \times \boldsymbol{i}_r = \dot{r}\boldsymbol{i}_r - r\dot\beta \boldsymbol{i}_\phi + r\omega \cos\beta \boldsymbol{i}_\theta \tag{98a}$$

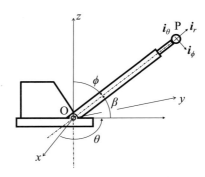

図 5a　クレーンの座標系

(3) $\beta = \pi/3$ rad (60 deg), $\dot{\beta} = (3.6/180)\pi = 0.02\pi$ rad/s, $\omega = \dot{\theta} = 2 \times 2\pi/60 = \pi/15$ rad/s, $r = 5$ m, $\dot{r} = 0.3$ m/s より

$$\dot{\boldsymbol{r}} = 0.3\boldsymbol{i}_r - 5 \times 0.02\pi \boldsymbol{i}_\phi + 5 \times \frac{\pi}{15}\cos\frac{\pi}{3}\boldsymbol{i}_\theta = 0.3\boldsymbol{i}_r - 0.1\pi \boldsymbol{i}_\phi + \frac{\pi}{6}\boldsymbol{i}_\theta \tag{99a}$$

となる．これより $\dot{\boldsymbol{r}}$ の大きさは

$$|\dot{\boldsymbol{r}}| = \sqrt{0.3^2 + (0.1\pi)^2 + \left(\frac{\pi}{6}\right)^2} = 0.680 \text{ m/s} \tag{100a}$$

である．

3.3 (1) アーム先端Pの位置 (x, y, z) は

$$\begin{cases} x = r\sin\phi\cos\theta, \\ y = r\sin\phi\sin\theta, \\ z = r\cos\phi \end{cases} \tag{101a}$$

とかける．

(2) 式 (101a) より速度 $(\dot{x}, \dot{y}, \dot{z})$ は

$$\dot{x} = \dot{r}\sin\phi\cos\theta + \dot{\phi}r\cos\phi\cos\theta - \dot{\theta}r\sin\phi\sin\theta, \tag{102a}$$

$$\dot{y} = \dot{r}\sin\phi\sin\theta + \dot{\phi}r\cos\phi\sin\theta + \dot{\theta}r\sin\phi\cos\theta, \tag{103a}$$

$$\dot{z} = \dot{r}\cos\phi - \dot{\phi}r\sin\phi \tag{104a}$$

となる．

(3) $(x, y, z) = (0.5, 0.5, 0.8)$ より

$$\begin{cases} r\sin\phi\cos\theta = 0.5, \\ r\sin\phi\sin\theta = 0.5, \\ r\cos\phi = 0.8 \end{cases} \tag{105a}$$

とかける．式 (105a) の各式を自乗して足し合わせると

$$r^2\sin^2\phi\cos^2\theta + r^2\sin^2\phi\sin^2\theta + r^2\cos^2\phi = 0.5^2 + 0.5^2 + 0.8^2 \tag{106a}$$

すなわち

$$r^2 = 1.14 \tag{107a}$$

となる．$r \geq 0$ より

$$r = 1.068 \tag{108a}$$

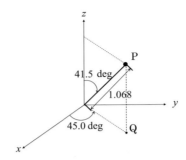

図 6a アームの角度，長さ

と決定される．式 (105a) の 3 式目から

$$\cos\phi = \frac{0.8}{r} = 0.749 \tag{109a}$$

これと $0 \leq \phi \leq \pi$ より

$$\phi = 41.5 \text{ deg} \tag{110a}$$

この結果と式 (105a) の 1，2 式目から

$$\cos\theta = \frac{0.5}{r\sin\phi} \tag{111a}$$

$$\sin\theta = \frac{0.5}{r\sin\phi} \tag{112a}$$

すなわち

$$\theta = 45.0 \text{ deg} \tag{113a}$$

となる．これより $(r, \phi, \theta) = (1.068, 45.0, 41.5)$ となり，図に示すと図 6a のようになる．一般には $r < 0$，$\phi > \pi$ も含めると最大 4 個の解が存在する．今回は $r \geq 0$，$0 \leq \phi \leq \pi$，$0 \leq \theta < 2\pi$ としているため 1 組に決まる．

3.4 (1) ロボットアーム先端の位置 P の座標 (x, y, z) は図 7a より

$$\begin{cases} x = (r_2 \cos\phi_2 + r_3 \cos(\phi_2 + \phi_3)) \cos\phi_1 \\ y = (r_2 \cos\phi_2 + r_3 \cos(\phi_2 + \phi_3)) \sin\phi_1 \\ z = r_1 + r_2 \sin\phi_2 + r_3 \sin(\phi_2 + \phi_3) \end{cases} \tag{114a}$$

となる．（座標変換マトリックスを用いた解法は後述）

(2) $(x, y, z) = (0.4, 0.5, 0.6)$ を満たす (ϕ_1, ϕ_2, ϕ_3) が存在すれば届くことになる．これより

$$\begin{cases} 0.4 = (r_2 \cos\phi_2 + r_3 \cos(\phi_2 + \phi_3)) \cos\phi_1 \\ 0.5 = (r_2 \cos\phi_2 + r_3 \cos(\phi_2 + \phi_3)) \sin\phi_1 \\ 0.6 = r_1 + r_2 \sin\phi_2 + r_3 \sin(\phi_2 + \phi_3) \end{cases} \tag{115a}$$

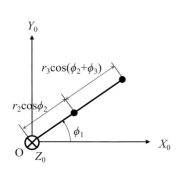
(a) X_0Y_0 平面でみたアーム

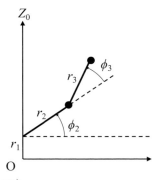
(b) $\overrightarrow{OP}$ と Z_0 軸を含む面でみたアーム

図 7a ロボットアームの位置

ここで
$$\phi_4 = \phi_2 + \phi_3 \tag{116a}$$
を導入し，整理すると
$$\begin{cases} 4 = 5(\cos\phi_2 + \cos\phi_4)\cos\phi_1 \\ 5 = 5(\cos\phi_2 + \cos\phi_4)\sin\phi_1 \\ 5 = 5\sin\phi_2 + 5\sin\phi_4 \end{cases} \tag{117a}$$
となる．式 $(117a)_2$ を式 $(117a)_1$ で割ると
$$\tan\phi_1 = \frac{4}{5} \tag{118a}$$
すなわち
$$\phi_1 = 51.3 \text{ deg}, \quad 231.3 \text{ deg} \tag{119a}$$
これと $(117a)_1$，$(117a)_3$ より ϕ_4 について解くと
$$\begin{cases} \cos\phi_4 = \dfrac{4}{5\cos\phi_1} - \cos\phi_2 \\ \sin\phi_4 = 1 - \sin\phi_2 \end{cases} \tag{120a}$$
となる．これを辺々自乗して足し合わせると
$$\frac{8}{5\cos\phi_1}\cos\phi_2 + 2\sin\phi_2 = 1 + \left(\frac{4}{5\cos\phi_1}\right)^2 \tag{121a}$$
が得られる．式 (119a) の ϕ_1 の 2 つの値に対して式 (121a) より 2 組の ϕ_2 を決定し，それぞれの ϕ_2 に対し式 (120a) から ϕ_4 を決定し，式 (116a) から ϕ_3 が決定される．

$\phi_1 = 51.3$ deg のとき

式 (121a) より

$$2.559 \cos \phi_2 + 2 \sin \phi_2 = 2.637 \tag{122a}$$

とかける．$\sqrt{2.559^2 + 2^2} = 3.248$ より

$$3.248(0.788 \cos \phi_2 + 0.616 \sin \phi_2) = 2.637 \tag{123a}$$

とかき直せる．ここで

$$\sin \beta = 0.788, \quad \cos \beta = 0.616 \tag{124a}$$

すなわち

$$\beta = 52.0 \text{ deg} \tag{125a}$$

を導入すると

$$\sin(\beta + \phi_2) = 0.812 \tag{126a}$$

となる．これより

$$\beta + \phi_2 = 54.3 \text{ deg}, \quad 125.7 \text{ deg} \tag{127a}$$

すなわち

$$\phi_2 = 2.3 \text{ deg}, \quad 73.7 \text{ deg} \tag{128a}$$

$\phi_2 = 2.3$ deg のとき式 (120a) より

$$\cos \phi_4 = 0.280, \quad \sin \phi_4 = 0.960 \tag{129a}$$

すなわち

$$\phi_4 = 73.7 \text{ deg}, \quad \phi_3 = 71.4 \text{ deg} \tag{130a}$$

を得る．

$\phi_2 = 73.7$ deg のとき式 (120a) より

$$\cos \phi_4 = 0.999, \quad \sin \phi_4 = 0.040 \tag{131a}$$

すなわち

$$\phi_4 = 2.3 \text{ deg}, \quad \phi_3 = -71.4 \text{ deg} \tag{132a}$$

を得る．

$\phi_1 = 231.3$ deg のとき

式 (121a) より

$$-2.559 \cos \phi_2 + 2 \sin \phi_2 = 2.637 \tag{133a}$$

とかける．$\sqrt{(-2.559)^2 + 2^2} = 3.248$ より

$$3.248(-0.788\cos\phi_2 + 0.616\sin\phi_2) = 2.637 \tag{134a}$$

とかき直せる．ここで，式 (124a)，(125a) と同じ β を用いると

$$\sin(-\beta + \phi_2) = 0.812 \tag{135a}$$

となる．これより

$$-\beta + \phi_2 = 54.3 \text{ deg}, \quad 125.7 \text{ deg} \tag{136a}$$

すなわち

$$\phi_2 = 106.3 \text{ deg}, \quad 177.7 \text{ deg} \tag{137a}$$

$\phi_2 = 106.3$ deg のとき式 (120a) より

$$\cos\phi_4 = -0.999, \quad \sin\phi_4 = 0.040 \tag{138a}$$

すなわち

$$\phi_4 = 177.7 \text{ deg}, \quad \phi_3 = 71.4 \text{ deg} \tag{139a}$$

を得る．

$\phi_2 = 177.7$ deg のとき式 (120a) より

$$\cos\phi_4 = -0.280, \quad \sin\phi_4 = 0.960 \tag{140a}$$

すなわち

$$\phi_4 = 106.3 \text{ deg}, \quad \phi_3 = -71.4 \text{ deg} \tag{141a}$$

を得る．

以上より

(i) $\phi_1 = 51.3$ deg, $\phi_2 = 2.3$ deg, $\phi_3 = 71.4$ deg,

(ii) $\phi_1 = 51.3$ deg, $\phi_2 = 73.7$ deg, $\phi_3 = -71.4$ deg,

(iii) $\phi_1 = 231.3$ deg, $\phi_2 = 106.3$ deg, $\phi_3 = 71.4$ deg,

(iv) $\phi_1 = 231.3$ deg, $\phi_2 = 177.7$ deg, $\phi_3 = -71.4$ deg

となり届くことがわかる．これを図に示すと，図 8a のようになる．

(1) の別解 (座標変換に基づく方法)

図 9a に示すように，$X_0Y_0Z_0$ 座標系を Z_0 軸まわりに ϕ_1 回転すると，$X_1Y_1Z_1$ 座標系になる．さらに，$X_1Y_1Z_1$ 座標系を Z_1 軸方向に r_1 平行移動すると，$X_2Y_2Z_2$ 座標系になる．

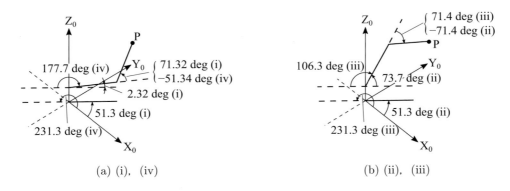

(a) (i), (iv) (b) (ii), (iii)

図 8a ロボットアームの位置

さらに，$X_2Y_2Z_2$ 座標系を Y_2 軸まわりに $-\phi_2$ 回転すると，$X_3Y_3Z_3$ 座標系になる．さらに，$X_3Y_3Z_3$ 座標系を X_3 軸方向に r_2 平行移動すると，$X_4Y_4Z_4$ 座標系になる．さらに，$X_4Y_4Z_4$ 座標系を Y_4 軸まわりに $-\phi_3$ 回転すると，$X_5Y_5Z_5$ 座標系になる．右ねじの進む方向が正のため，2つの Y 軸まわりの回転は，ここでは負になることに注意しよう．$X_1Y_1Z_1$ 座標系から $X_0Y_0Z_0$ 座標系への，$X_2Y_2Z_2$ 座標系から $X_1Y_1Z_1$ 座標系への，$X_3Y_3Z_3$ 座標系から $X_2Y_2Z_2$ 座標系への，$X_4Y_4Z_4$ 座標系から $X_3Y_3Z_3$ 座標系への，$X_5Y_5Z_5$ 座標系から $X_4Y_4Z_4$ 座標系への座標変換マトリックスはそれぞれ

$$D_1 = \begin{bmatrix} \cos\phi_1 & -\sin\phi_1 & 0 & 0 \\ \sin\phi_1 & \cos\phi_1 & 0 & 0 \\ 0 & 0 & 1 & 0 \\ 0 & 0 & 0 & 1 \end{bmatrix}, D_2 = \begin{bmatrix} 1 & 0 & 0 & 0 \\ 0 & 1 & 0 & 0 \\ 0 & 0 & 1 & r_1 \\ 0 & 0 & 0 & 1 \end{bmatrix}, D_3 = \begin{bmatrix} \cos(-\phi_2) & 0 & \sin(-\phi_2) & 0 \\ 0 & 1 & 0 & 0 \\ -\sin(-\phi_2) & 0 & \cos(-\phi_2) & 0 \\ 0 & 0 & 0 & 1 \end{bmatrix},$$

$$D_4 = \begin{bmatrix} 1 & 0 & 0 & r_2 \\ 0 & 1 & 0 & 0 \\ 0 & 0 & 1 & 0 \\ 0 & 0 & 0 & 1 \end{bmatrix}, D_5 = \begin{bmatrix} \cos(-\phi_3) & 0 & \sin(-\phi_3) & 0 \\ 0 & 1 & 0 & 0 \\ -\sin(-\phi_3) & 0 & \cos(-\phi_3) & 0 \\ 0 & 0 & 0 & 1 \end{bmatrix} \tag{142a}$$

と表される．これより，$X_5Y_5Z_5$ 座標系ではアームの先端の変位は $(r_3, 0, 0)$（もしくは $(r_3, 0, 0, 1)$）とかけるので，$X_0Y_0Z_0$ 座標系では (x, y, z) とすれば

$$\begin{Bmatrix} x \\ y \\ z \\ 1 \end{Bmatrix} = D_1 D_2 D_3 D_4 D_5 \begin{Bmatrix} r_3 \\ 0 \\ 0 \\ 1 \end{Bmatrix} = \begin{Bmatrix} (r_2 \cos\phi_2 + r_3 \cos(\phi_2 + \phi_3))\cos\phi_1 \\ (r_2 \cos\phi_2 + r_3 \cos(\phi_2 + \phi_3))\sin\phi_1 \\ r_1 + r_2 \sin\phi_2 + r_3 \sin(\phi_2 + \phi_3) \\ 1 \end{Bmatrix} \tag{143a}$$

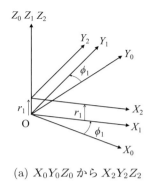 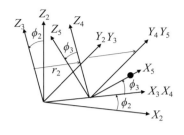

(a) $X_0Y_0Z_0$ から $X_2Y_2Z_2$　　　　(b) $X_2Y_2Z_2$ から $X_5Y_5Z_5$

図 9a　ロボットアームの位置

となる．これは先ほどの結果と同じになっている．ここで示した座標変換の方法は一意ではないので他の方法も考えることができるが，どの座標系を用いても $X_0Y_0Z_0$ 座標系では同じ座標となる．一般的には座標変換の順番を変えると同じ点でも違う点に移ってしまうので注意が必要である．

3.5 プロペラを回転体 (軸)，航空機を軸受と見なして考える．

左旋回のとき

スピンは ξ 軸まわりで

$$\boldsymbol{\omega}_\mathrm{s} = \omega \boldsymbol{i} \tag{144a}$$

であり，プレセッションは ζ 軸まわりで

$$\boldsymbol{\omega}_\mathrm{p} = \dot{\psi}\boldsymbol{k} \tag{145a}$$

となる．プロペラ (軸) の受けるトルク $\boldsymbol{T}$ の大きさは

$$|\boldsymbol{T}| = I|\boldsymbol{\omega}_\mathrm{s}||\boldsymbol{\omega}_\mathrm{p}| = I\omega\dot{\psi} \tag{146a}$$

である．ここで I は ξ 軸まわりのプロペラの慣性モーメントである．プロペラ (軸) の受けるトルク $\boldsymbol{T}$ の方向は右手の法則より η 軸まわりである．したがって，航空機 (軸受) が受けるトルクの方向は $-\eta$ 軸まわりとなる．すなわち航空機は機首を上げる方向に力を受ける．

右旋回のとき

スピンは ξ 軸まわりで

$$\boldsymbol{\omega}_\mathrm{s} = \omega \boldsymbol{i} \tag{147a}$$

であり，プレセッションは $-\zeta$ 軸まわりで

$$\boldsymbol{\omega}_\mathrm{p} = -\dot{\psi}\boldsymbol{k} \tag{148a}$$

となる．プロペラ(軸)の受けるトルクTの大きさは

$$|T| = I|\omega_s||\omega_p| = I\omega\dot{\psi} \tag{149a}$$

である．ここでIはξ軸まわりのプロペラの慣性モーメントである．プロペラ(軸)の受けるトルクTの方向は右手の法則より$-\eta$軸まわりである．したがって，航空機(軸受)が受けるトルクの方向はη軸まわりとなる．すなわち航空機は機首を下げる方向に力を受ける．

第4章

4.1 図10a(a)のように，従動節のリフトhは

$$h = \begin{cases} \dfrac{2h_0}{T}t & \left(0 < t < \dfrac{T}{2}\right) \\ -\dfrac{2h_0}{T}t + 2h_0 & \left(\dfrac{T}{2} < t < T\right) \end{cases} \tag{150a}$$

であるから，速度は

$$v = \dfrac{dh}{dt} = \begin{cases} \dfrac{2h_0}{T} & \left(0 < t < \dfrac{T}{2}\right) \\ -\dfrac{2h_0}{T} & \left(\dfrac{T}{2} < t < T\right) \end{cases} \tag{151a}$$

となり，図10a(b)のような時間的変化をする．これからわかるように，$t = \dfrac{T}{2}$のときに，速度が$\dfrac{2h_0}{T}$から$-\dfrac{2h_0}{T}$に瞬時に変化するため加速度変化が無限大となることに注意しておく必要がある．

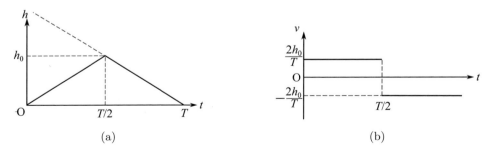

図10a 問4.1における従動節の運動

4.2 点A～点B間

放物線は，$h = a(t - T/8)^2$と表されるので，点Bの座標$(T/4, h_1)$より，aが以下のよう

に求まる.

$$h_1 = a\left(\frac{T}{4} - \frac{T}{8}\right)^2 = a\left(\frac{T}{8}\right)^2 \tag{152a}$$

$$\therefore \quad a = \frac{h_1}{(T/8)^2} \tag{153a}$$

$$\therefore \quad h = h_1 \left(\frac{t - T/8}{T/8}\right)^2 \tag{154a}$$

点B〜C間

直線は,$h = \frac{h_2 - h_1}{T/8} t + b$ と表されるので,点Bの座標より,b は以下のように求まる.

$$h_1 = \frac{h_2 - h_1}{T/8} \frac{T}{4} + b = 2(h_2 - h_1) + b \tag{155a}$$

$$\therefore \quad b = 3h_1 - 2h_2 \tag{156a}$$

$$\therefore \quad h = \frac{h_2 - h_1}{T/8} t + 3h_1 - 2h_2 \tag{157a}$$

点C〜D間

放物線は $h = -c(t - \frac{T}{2})^2 + h_0$ と表されるので,点Cの座標より c が以下のように求まる.

$$h_2 = -c\left(\frac{3T}{8} - \frac{T}{2}\right)^2 + h_0 = -c\left(\frac{T}{8}\right)^2 + h_0 \tag{158a}$$

$$\therefore \quad c = -\frac{h_2 - h_0}{(T/8)^2} \tag{159a}$$

$$\therefore \quad h = \frac{h_2 - h_0}{(T/8)^2} \left(t - \frac{T}{2}\right)^2 + h_0 \tag{160a}$$

次に,点B,点Cでの勾配の連続性を考える.

点Bでの放物線の勾配は,式 (154a) より

$$\frac{dh}{dt} = \frac{2h_1}{(T/8)^2} \left(\frac{T}{4} - \frac{T}{8}\right) = \frac{2h_1}{T/8} \tag{161a}$$

直線の勾配は

$$\frac{h_2 - h_1}{T/8} \tag{162a}$$

点Cでの放物線の勾配は,式 (160a) より,

$$\frac{dh}{dt} = \frac{2(h_2 - h_0)}{(T/8)^2} \left(\frac{3}{8}T - \frac{T}{2}\right) = \frac{2(h_0 - h_2)}{T/8} \tag{163a}$$

これら 3 つの勾配が一致しないといけないので

$$\frac{2h_1}{T/8} = \frac{h_2 - h_1}{T/8} \tag{164a}$$

$$\therefore \quad 2h_1 = h_2 - h_1 \quad \therefore \quad 3h_1 = h_2 \tag{165a}$$

$$\frac{h_2 - h_1}{T/8} = \frac{2(h_0 - h_2)}{T/8} \tag{166a}$$

$$\therefore \quad h_2 - h_1 = 2(h_0 - h_2) \quad \therefore \quad 3h_2 - h_1 = 2h_0 \tag{167a}$$

$$\therefore \quad 2h_0 = 9h_1 - h_1 = 8h_1 \quad \therefore \quad h_0 = 4h_1 \tag{168a}$$

以上より, リフト h は

$$\left.\begin{array}{l}
\cdot \ 0 < t < \dfrac{T}{8} \ : \ h = 0 \\[2mm]
\cdot \ \dfrac{T}{8} < t < \dfrac{T}{4} \ : \ h = h_1 \left(\dfrac{t - T/8}{T/8}\right)^2 \\[2mm]
\cdot \ \dfrac{T}{4} < t < \dfrac{3T}{8} \ : \ h = \dfrac{2h_1}{T/8} t - 3h_1 \\[2mm]
\cdot \ \dfrac{3T}{8} < t < \dfrac{T}{2} \ : \ h = -\dfrac{h_1}{(T/8)^2} \left(t - \dfrac{T}{2}\right)^2 + 4h_1
\end{array}\right\} \tag{169a}$$

加速度は, 式 (169a) より

$$\left.\begin{array}{l}
\cdot \ 0 < t < \dfrac{T}{8} \ : \ h'' = 0 \\[2mm]
\cdot \ \dfrac{T}{8} < t < \dfrac{T}{4} \ : \ h'' = \left\{\dfrac{2h_1}{(T/8)^2}\left(t - \dfrac{T}{8}\right)\right\}' = \dfrac{2h_1}{(T/8)^2} \\[2mm]
\cdot \ \dfrac{T}{4} < t < \dfrac{3T}{8} \ : \ h'' = 0 \\[2mm]
\cdot \ \dfrac{3T}{8} < t < \dfrac{T}{2} \ : \ h'' = \left\{-\dfrac{2h_1}{(T/8)^2}\left(t - \dfrac{T}{2}\right)\right\}' = -\dfrac{2h_1}{(T/8)^2}
\end{array}\right\} \tag{170a}$$

4.3 基礎円の半径を r_0 とすると

$$h = r(\theta) - r_0 \tag{171a}$$

- $0 < t < \dfrac{T}{8}$ つまり, $0 < \theta < \dfrac{\pi}{4}$: $h = 0$ であるから, $0 = r(\theta) - r_0$ $\therefore$ $r(\theta) = r_0$
- $\dfrac{T}{8} < t < \dfrac{T}{4}$ つまり, $\dfrac{\pi}{4} < \theta < \dfrac{\pi}{2}$: $r(\theta) - r_0 = h_1\left(\dfrac{t - T/8}{T/8}\right)^2$

$$\therefore \quad r(\theta) = r_0 + h_1\left(\dfrac{t - T/8}{T/8}\right)^2$$

角速度が ω_0 であるので, $\theta = \omega_0 t$, $\omega_0 T = \dfrac{\omega_0 2\pi}{\omega_0} = 2\pi$ より

$$r(\theta) = r_0 + h_1 \left(\frac{\omega_0 t - \omega_0 T/8}{\omega_0 T/8} \right)^2 = r_0 + h_1 \left(\frac{\theta - \pi/4}{\pi/4} \right)^2$$

- $\dfrac{T}{4} < t < \dfrac{3T}{8}$ つまり, $\dfrac{\pi}{2} < \theta < \dfrac{3}{4}\pi$: $\quad r(\theta) - r_0 = \dfrac{2h_1}{T/8}t - 3h_1$

$$\therefore \quad r(\theta) = r_0 + \frac{2h_1 \omega_0 t}{\omega_0 T/8} - 3h_1 = r_0 + \frac{2h_1 \theta}{\pi/4} - 3h_1$$

- $\dfrac{3T}{8} < t < \dfrac{T}{2}$ つまり, $\dfrac{3}{4}\pi < \theta < \pi$: $\quad r(\theta) - r_0 = -\dfrac{h_1}{(T/8)^2}\left(t - \dfrac{T}{2}\right)^2 + 4h_1$

$$\therefore \quad r(\theta) = r_0 - \frac{h_1}{(T/8)^2}\left(t - \frac{T}{2}\right)^2 + 4h_1 = r_0 - \frac{h_1}{(\omega_0 T/8)^2}\left(\omega_0 t - \frac{\omega_0 T}{2}\right)^2 + 4h_1$$
$$= r_0 - \frac{h_1}{\pi/4}(\theta - \pi)^2 + 4h_1$$

4.4 圧力角を β とすると

(1) リフト h

$\triangle \mathrm{O_1 O_2 P}$ で,余弦定理より

$$R^2 = r^2(\theta) + (R - r_0)^2 - 2r(\theta)(R - r_0) \times \cos(\pi - \theta) \tag{172a}$$

$$R^2 = r^2(\theta) + R^2 - 2Rr_0 + r_0^2 + 2r(\theta)(R - r_0)\cos\theta \tag{173a}$$

$$r^2(\theta) + 2r(\theta)(R - r_0)\cos\theta - 2Rr_0 + r_0^2 = 0 \tag{174a}$$

$$r(\theta) = -(R - r_0)\cos\theta + \sqrt{(R - r_0)^2 \cos^2\theta + 2Rr_0 - r_0^2} \tag{175a}$$

したがって,リフト h は

$$h = r(\theta) - r_0 = -(R - r_0)\cos\theta + \sqrt{(R - r_0)^2 \cos^2\theta + 2Rr_0 - r_0^2} - r_0 \tag{176a}$$

(2) 圧力角と回転角 θ との関係

$$R\sin\beta = (R - r_0)\sin\theta \quad \therefore \quad \sin\beta = \frac{R - r_0}{R}\sin\theta \tag{177a}$$

$\therefore \quad \theta = \pi/2$ のとき,圧力角も最大となる.

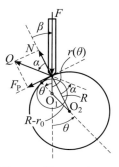

図 11a 問 4.4 の板カム

(3) 点 O_1 まわりのトルク T

力のつり合いから

$$F_P = \mu N = N \tan \alpha \quad \therefore \quad \mu = \tan \alpha \tag{178a}$$

$$F = Q \cos(\alpha + \beta) \quad \therefore \quad Q = \frac{F}{\cos(\alpha + \beta)} \tag{179a}$$

点 O_1 まわりのトルク T は

$$T = Q r(\theta) \sin(\beta + \alpha) \tag{180a}$$

式 (178a) より

$$T = \frac{F}{\cos(\alpha + \beta)} r(\theta) \sin(\alpha + \beta)$$

$$= F r(\theta) \frac{\sin \alpha \cos \beta + \cos \alpha \sin \beta}{\cos \alpha \cos \beta - \sin \alpha \sin \beta}$$

$$= F r(\theta) \frac{\tan \alpha \cos \beta + \sin \beta}{\cos \beta - \sin \beta \tan \alpha} = \frac{\mu \cos \beta + \sin \beta}{-\mu \sin \beta + \cos \beta} F r(\theta) \tag{181a}$$

$$\cos \beta = \sqrt{1 - \sin^2 \beta} = \sqrt{1 - \left(\frac{R - r_0}{R}\right)^2 \sin^2 \theta} \tag{182a}$$

$$\therefore \quad T = \frac{\mu \sqrt{1 - \left(\dfrac{R - r_0}{R}\right)^2 \sin^2 \theta} + \dfrac{R - r_0}{R} \sin \theta}{-\mu \dfrac{R - r_0}{R} \sin \theta + \sqrt{1 - \left(\dfrac{R - r_0}{R}\right)^2 \sin^2 \theta}} F r(\theta) \tag{183a}$$

$$\therefore \quad \sqrt{1 - \left(\frac{R - r_0}{R}\right)^2 \sin^2 \theta} = \mu \frac{R - r_0}{R} \sin \theta \text{ のとき},\ T \text{ は } \infty \text{ となり回転できなくなる}.$$

すなわち

$$1 - \left(\frac{R - r_0}{R}\right)^2 \sin^2 \theta = \mu^2 \left(\frac{R - r_0}{R}\right)^2 \sin^2 \theta \tag{184a}$$

$$\therefore \quad \left(\frac{R - r_0}{R}\right)^2 \sin^2 \theta (\mu^2 + 1) = 1 \tag{185a}$$

$$\therefore \quad \sin^2 \theta = \frac{1}{1 + \mu^2} \left(\frac{R}{R - r_0}\right)^2 \tag{186a}$$

$$\therefore \quad \sin \theta = \sqrt{\frac{1}{1 + \mu^2}} \frac{R}{R - r_0} \tag{187a}$$

4.5 任意の時刻 t において板カムに加わる力 F は

$$F = F_0 + ky + m\ddot{y} \tag{188a}$$

一方

$$\dot{y} = y_0 \omega \sin \omega t, \ddot{y} = y_0 \omega^2 \cos \omega t \tag{189a}$$

$$\therefore \quad F = F_0 + ky_0(1 - \cos \omega t) + my_0 \omega^2 \cos \omega t$$

$$= F_0 + ky_0 + y_0(m\omega^2 - k)\cos \omega t \tag{190a}$$

ここで，$F_0 > 0$，$ky_0 > 0$ であるから

(i) $m\omega^2 - k < 0$ のとき

$\cos \omega t = 1$ のとき，F は最小となる．このとき，$F = F_0 + ky_0 + y_0 m\omega^2 - ky_0 = F_0 + y_0 m\omega^2 > 0$ となるので，跳躍しない．

(ii) $m\omega^2 - k > 0$ のとき

$\cos \omega t = -1$ のとき，F は最小となる．このとき

$$F = F_0 + ky_0 - y_0(m\omega^2 - k) = F_0 + 2ky_0 - y_0 m\omega^2 \tag{191a}$$

であり，跳躍を防止するには，$F > 0$ であるから

$$F_0 + 2ky_0 > y_0 m\omega^2 \tag{192a}$$

$$\therefore \quad F_0 > y_0 m\omega^2 - 2ky_0 \tag{193a}$$

とすればよい．

第5章

5.1 ピッチ円筒状のねじり傾き角を γ，摩擦角を ρ とすると，本文式 (5.29) より，ウォームホイールでウォームを回すためには

$$\gamma > \rho \tag{194a}$$

でなければならない．ここで，$\mu = \tan \rho$ であるから，$\rho = \tan^{-1} \mu$ である．したがって

$$\gamma > \tan^{-1} \mu = \tan^{-1} 0.3 = 16.7° \tag{195a}$$

であることが条件である．

5.2 モジュール m は，$m = \dfrac{d_1}{z_1}$ であるから，ピッチ円直径 d_1 は，$d_1 = mz_1 = 4 \times 25 = 100$ mm である．また，円ピッチ p は，$p = \dfrac{\pi d}{z} = 12.57$ mm である．

また，角速度を 1/2 にするには，歯数を 2 倍にすればよく，$z_2 = 25 \times 2 = 50$ とすればよい．

さらに，$l = (d_1 + d_2)/2 = (mz_1 + mz_2)/2 = m(z_1 + z_2)/2 = 4(25 + 50)/2 = 150$ mm である．

5.3 主要な利点は，以下のとおりである．

- かみ合い率が比較的大きくとれる．
- 最小歯数をインボリュート歯車より小さくできる．
- すべり率がかみ合い位置で変化せず一定である．

定義より
$$\widehat{\mathrm{PA}} = a\beta = \widehat{\mathrm{PP'}} = R\alpha \tag{196a}$$

つまり，$\widehat{\mathrm{QA}} = \widehat{\mathrm{Q'P'}}$ であるから
$$\gamma = \angle \mathrm{QO_2A} = \angle \mathrm{Q'AP'} = \pi - \beta \tag{197a}$$

∴ $\angle \mathrm{O_1 O_2' Q'}$ において，余弦定理より
$$r^2(\theta) = (R+a)^2 + a^2 - 2(R+a)a\cos\gamma \tag{198a}$$

式 (197a) より
$$\begin{aligned} r^2(\theta) &= R^2 + 2Ra + 2a^2 - 2a(R+a)\cos(\pi - \beta) \\ &= R^2 + 2Ra + 2a^2 + 2a(R+a)\cos\beta \end{aligned} \tag{199a}$$

（補足）なお
$$\mathrm{Q'H} = r(\theta)\sin(\theta - \alpha) = a\sin(\pi - \gamma) = a\sin\beta \tag{200a}$$

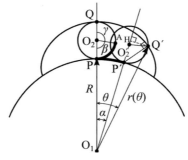

図 12a　問 5.3 の外転サイクロイド

第 5 章　157

$$\therefore \quad r(\theta)\sin\left(\theta - \frac{a\beta}{R}\right) = a\sin\beta \tag{201a}$$

の関係が成り立つので，β が求まれば式 (199a) から $r(\theta)$ が求まり，さらに式 (201a) より θ を求めることができる．

5.4　式 (5.12) より，圧力角 β は

$$\cos\beta = \frac{r_{\mathrm{g}1} + r_{\mathrm{g}2}}{c} = \frac{100 + 60}{200} = 0.8 \quad \therefore \quad \beta = 36.9° \tag{202a}$$

また，式 (5.11) より，角速度比 α は

$$\alpha = \frac{r_{\mathrm{g}1}}{r_{\mathrm{g}2}} = \frac{100}{60} = 1.67 \tag{203a}$$

となる．

5.5　歯車 A～D の角速度を，ω_{a}, ω_{b}, ω_{c}, ω_{d} とすると次の関係がある．

$$\frac{\omega_{\mathrm{b}}}{\omega_{\mathrm{a}}} = \frac{z_{\mathrm{a}}}{z_{\mathrm{b}}}, \quad \omega_{\mathrm{b}} = \omega_{\mathrm{c}}, \quad \frac{\omega_{\mathrm{d}}}{\omega_{\mathrm{c}}} = \frac{z_{\mathrm{c}}}{z_{\mathrm{d}}} \tag{204a}$$

$$\therefore \quad 4 = \frac{\omega_{\mathrm{d}}}{\omega_{\mathrm{a}}} = \frac{\omega_{\mathrm{b}}}{\omega_{\mathrm{a}}}\frac{\omega_{\mathrm{c}}}{\omega_{\mathrm{b}}}\frac{\omega_{\mathrm{d}}}{\omega_{\mathrm{c}}} = \frac{z_{\mathrm{a}}}{z_{\mathrm{b}}}\frac{z_{\mathrm{c}}}{z_{\mathrm{d}}} = \frac{80}{40}\frac{60}{z_{\mathrm{d}}} = \frac{120}{z_{\mathrm{d}}} \tag{205a}$$

$$\therefore \quad z_{\mathrm{d}} = \frac{120}{4} = 30 \tag{206a}$$

5.6　腕 C に対する歯車 A, B, D の相対角速度は

$$\mathrm{A} : -\omega_{\mathrm{c}}$$

$$\mathrm{B} : \omega_{\mathrm{b}} - \omega_{\mathrm{c}}$$

$$\mathrm{D} : \omega_{\mathrm{d}} - \omega_{\mathrm{c}}$$

$$\therefore \quad \text{歯車 A, B の角速度比}: \varepsilon_{\mathrm{AB}} = \frac{\omega_{\mathrm{b}} - \omega_{\mathrm{c}}}{-\omega_{\mathrm{c}}} = -\frac{z_{\mathrm{a}}}{z_{\mathrm{b}}} \tag{207a}$$

$$\therefore \quad \text{歯車 B, D の角速度比}: \varepsilon_{\mathrm{BD}} = \frac{\omega_{\mathrm{d}} - \omega_{\mathrm{c}}}{\omega_{\mathrm{b}} - \omega_{\mathrm{c}}} = -\frac{z_{\mathrm{b}}}{z_{\mathrm{d}}} \tag{208a}$$

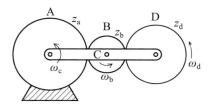

図 13a　問 5.6 の遊星歯車装置

$$\therefore \quad \varepsilon_{\mathrm{AD}} = \frac{\omega_{\mathrm{d}} - \omega_{\mathrm{c}}}{-\omega_{\mathrm{c}}} = \frac{\omega_{\mathrm{b}} - \omega_{\mathrm{c}}}{-\omega_{\mathrm{c}}} \frac{\omega_{\mathrm{d}} - \omega_{\mathrm{c}}}{\omega_{\mathrm{b}} - \omega_{\mathrm{c}}} = \frac{z_{\mathrm{a}}}{z_{\mathrm{b}}} \frac{z_{\mathrm{b}}}{z_{\mathrm{d}}} = \frac{z_{\mathrm{a}}}{z_{\mathrm{d}}} \qquad (209\mathrm{a})$$

$$\therefore \quad \frac{\omega_{\mathrm{d}}}{\omega_{\mathrm{c}}} = 1 - \frac{z_{\mathrm{a}}}{z_{\mathrm{d}}} \qquad (210\mathrm{a})$$

$\therefore$ $z_{\mathrm{d}} = z_{\mathrm{a}}$ とすればよいので，$z_{\mathrm{d}} = 80$.

5.7 歯車 A〜D の腕 E に対する相対角速度は

$$\left.\begin{aligned} &\mathrm{A}: \omega_{\mathrm{a}} - \omega_{\mathrm{e}} \\ &\mathrm{B}: \omega_{\mathrm{b}} - \omega_{\mathrm{e}} \\ &\mathrm{C}: \omega_{\mathrm{c}} - \omega_{\mathrm{e}} = \omega_{\mathrm{b}} - \omega_{\mathrm{e}} \quad (\because \omega_{\mathrm{c}} = \omega_{\mathrm{b}}) \\ &\mathrm{D}: \omega_{\mathrm{d}} - \omega_{\mathrm{e}} \end{aligned}\right\} \qquad (211\mathrm{a})$$

また，歯車 A に対する歯車 B の角速度比 $\varepsilon_{\mathrm{AB}}$ は，それぞれの歯数 z_{a}，z_{b} によって決まるので

$$\varepsilon_{\mathrm{AB}} = \frac{\omega_{\mathrm{b}} - \omega_{\mathrm{e}}}{\omega_{\mathrm{a}} - \omega_{\mathrm{e}}} = -\frac{z_{\mathrm{a}}}{z_{\mathrm{b}}} \qquad (212\mathrm{a})$$

同様に

$$\varepsilon_{\mathrm{CD}} = \frac{\omega_{\mathrm{d}} - \omega_{\mathrm{e}}}{\omega_{\mathrm{c}} - \omega_{\mathrm{e}}} = \frac{\omega_{\mathrm{d}} - \omega_{\mathrm{e}}}{\omega_{\mathrm{b}} - \omega_{\mathrm{e}}} = -\frac{z_{\mathrm{c}}}{z_{\mathrm{d}}} \qquad (213\mathrm{a})$$

また，題意より

$$\varepsilon_{\mathrm{BC}} = 1 \qquad (214\mathrm{a})$$

$$\therefore \quad \varepsilon_{\mathrm{AD}} = \frac{\omega_{\mathrm{d}} - \omega_{\mathrm{e}}}{\omega_{\mathrm{a}} - \omega_{\mathrm{e}}} = \frac{\omega_{\mathrm{b}} - \omega_{\mathrm{e}}}{\omega_{\mathrm{a}} - \omega_{\mathrm{e}}} \frac{\omega_{\mathrm{d}} - \omega_{\mathrm{e}}}{\omega_{\mathrm{b}} - \omega_{\mathrm{e}}} = \frac{z_{\mathrm{a}}}{z_{\mathrm{b}}} \frac{z_{\mathrm{c}}}{z_{\mathrm{d}}} \qquad (215\mathrm{a})$$

$$\omega_{\mathrm{d}} = (\omega_{\mathrm{a}} - \omega_{\mathrm{e}}) \frac{z_{\mathrm{a}} z_{\mathrm{c}}}{z_{\mathrm{b}} z_{\mathrm{d}}} + \omega_{\mathrm{e}}$$

$$= 0.5 \omega_{\mathrm{a}} \frac{z_{\mathrm{a}}}{2 z_{\mathrm{d}}} + 0.5 \omega_{\mathrm{a}} = \omega_{\mathrm{a}} \qquad (216\mathrm{a})$$

$$\therefore \quad \frac{z_{\mathrm{a}}}{z_{\mathrm{d}}} = 4 - 2 = 2 \qquad (217\mathrm{a})$$

第 6 章

6.1

$$r_2 = l - r_1 = 300 - 100 = 200 \text{ mm} \qquad (218\mathrm{a})$$

$$\varepsilon = \frac{\omega_2}{\omega_1} = \frac{r_1}{r_2} \qquad (219\mathrm{a})$$

$$\therefore \quad \omega_2 = \omega_1 \frac{r_1}{r_2} = 2\pi n_1 \frac{r_1}{r_2} = 2\pi \frac{600}{60} \frac{100}{200} = 10\pi \text{ rad/s} \qquad (220\mathrm{a})$$

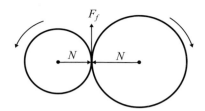

図14a 問6.2における押し付け力と摩擦力

6.2 押し付け力を N とすると,摩擦力 F_f は

$$F_f = \mu N \tag{221a}$$

動力 H は,周速度を v とすると

$$H = F_f v \tag{222a}$$

$$\therefore \quad H = F_f v = \mu N r_2 \omega_2 > 1000 \text{ Nm/s} \tag{223a}$$

$$\therefore \quad \mu > \frac{1000}{N r_2 \omega_2} = \frac{1000}{2000 \times 0.2 \times 10\pi} = \frac{1}{4\pi} = 0.08 \tag{224a}$$

6.3 本文式 (6.16) より

$$\tan\theta_2 = \frac{\sin\theta}{\varepsilon + \cos\theta} \tag{225a}$$

$$\therefore \quad \varepsilon = \frac{\sin\theta}{\tan\theta_2} - \cos\theta \tag{226a}$$

$\theta_2 = 45°$ であるから

$$\varepsilon = \sin\theta - \cos\theta = \sqrt{2}\sin(\theta - 45°)$$

図示すると,図15a となり,$\theta = 135°$ のとき,角速度比は最大となり,$\varepsilon = \sqrt{2}$ となる.

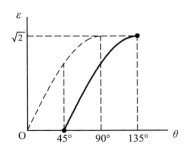

図15a 問6.3における ϵ と θ の関係

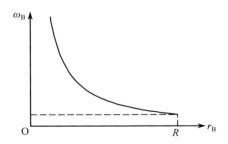

図16a 問6.4における ω_B と r_B の関係

6.4 接触点における移動距離は等しくなければならないので

$$r_A \omega_A = r_B \omega_B \tag{227a}$$

$$\therefore \quad \omega_B = \frac{r_A \omega_A}{r_B} \tag{228a}$$

グラフに表すと，図 16a となる．つまり，r_B が大きいほど，ω_B は小さくなる．今，$r_B \leq R$ であるので，ω_B の最小値は，$\omega_{Bmin} = \dfrac{r_A \omega_A}{R}$ となる．

第 7 章

7.1 2 つのプーリーで接触方向の移動距離は等しいので

$$\frac{d_1}{2} \omega_1 = \frac{d_2}{2} \omega_2 \tag{229a}$$

$$\therefore \quad \omega_2 = \omega_1 \frac{d_1}{d_2} \tag{230a}$$

ベルトの長さ b は，本文式 (7.8) より次式となる．

$$b = 2l + \frac{\pi}{2}(d_1 + d_2) + \frac{(d_1 + d_2)^2}{4l}$$

$$= 2l + \frac{\pi}{2} 0.8 + \frac{0.64}{4l} = 2l + \frac{0.16}{l} + 0.4\pi \tag{231a}$$

これをグラフに表すと図 18a となる．

式 (231a) より

$$\frac{db}{dl} = 2 - 0.16 l^{-2} \tag{232a}$$

$$\therefore \quad 2 = \frac{0.16}{l^2} \quad \therefore \quad l^2 = \frac{0.16}{2} \tag{233a}$$

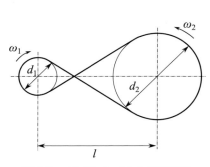

図 17a　問 7.1 のベルト伝動機構

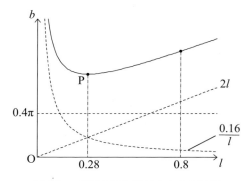

図 18a　問 7.1 における b と l の関係

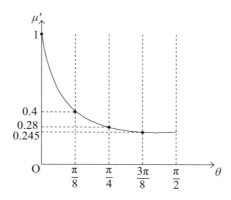

図 19a 問 7.2 における見かけの摩擦係数

$$\therefore \quad l = \sqrt{\frac{0.16}{2}} = \frac{0.4}{2}\sqrt{2} = 0.2\sqrt{2} \tag{234a}$$

したがって，極小値を与える点 P では，$l_P = 0.28$ m であるが，当然 $l > d_1 + d_2 = 0.8$ m でなければならないので，$l_{\min} = 0.8$ m

$$b_{\min} = 2 \times 0.8 + \frac{0.16}{0.8} + 0.4\pi = 1.6 + 0.2 + 0.4\pi = 3.06 \text{ m} \tag{235a}$$

7.2 本文式 (7.21) より

$$\mu' = \frac{\mu}{\sin\theta + \mu\cos\theta} \tag{236a}$$

μ' と θ の関係は図 19a である．$\left(0 < \theta < \dfrac{\pi}{2}\right)$

$$\frac{d\mu'}{d\theta} = \frac{-\mu(\cos\theta - \mu\sin\theta)}{(\sin\theta + \mu\cos\theta)^2} \tag{237a}$$

$$\frac{d\mu'}{d\theta} = 0 \text{ より}, \cos\theta = \mu\sin\theta \tag{238a}$$

$$\therefore \quad \tan\theta = 1/\mu \tag{239a}$$

$$\therefore \quad \theta = \tan^{-1}(1/\mu) = 76° \tag{240a}$$

このとき，$\mu' = \dfrac{\mu}{\cos\theta(\tan\theta + \mu)} = \dfrac{0.25}{0.2425(4 + 0.25)} = 0.2425 < 0.25$ となり，逆に μ' は μ より小さくなる．つまり，極力 θ はゼロに近づける方がよいことがわかる．ただし，一般的には $2\theta = 40°$ 程度であり，このとき μ' は

$$\mu' = 0.433$$

となり，1.7 倍程度となる．

第8章

8.1 ラグランジュ方程式を用いた解法

点 A, B の座標は次式となる.

$$\begin{cases} x_1 = l_1 \cos \phi_1 & y_1 = l_1 \sin \phi_1 \\ x_2 = 2l_1 \cos \phi_1 + l_2 \cos \phi_2 & y_2 = 2l_1 \sin \phi_1 + l_2 \sin \phi_2 \end{cases} \tag{241a}$$

すると，運動エネルギ T は

$$T = \frac{1}{2} m_1 \dot{x}_1^2 + \frac{1}{2} m_1 \dot{y}_1^2 + \frac{1}{2} I_1 \dot{\phi}_1^2 + \frac{1}{2} m_2 \dot{x}_2^2 + \frac{1}{2} m_2 \dot{y}_2^2 + \frac{1}{2} I_2 \dot{\phi}_2^2 \tag{242a}$$

である. 式 (241a) を代入して，整理すると

$$\begin{aligned} T = &\frac{1}{2} m_1 l_1^2 \dot{\phi}_1^2 + \frac{1}{2} I_1 \dot{\phi}_1^2 + 2 m_2 l_1^2 \dot{\phi}_1^2 + \frac{1}{2} m_2 l_2^2 \dot{\phi}_2^2 + \frac{1}{2} I_2 \dot{\phi}_2^2 \\ &+ 2 m_2 l_1 l_2 \dot{\phi}_1 \dot{\phi}_2 \sin \phi_1 \sin \phi_2 + 2 m_2 l_1 l_2 \dot{\phi}_1 \dot{\phi}_2 \cos \phi_1 \cos \phi_2 \end{aligned} \tag{243a}$$

となる. ポテンシャルエネルギ U は

$$U = m_1 g y_1 + m_2 g y_2 = m_1 g l_1 \sin \phi_1 + 2 m_2 g l_1 \sin \phi_1 + m_2 g l_2 \sin \phi_2 \tag{244a}$$

と表される. よって，ラグランジアン L は

$$\begin{aligned} L = T - U = &\frac{1}{2} m_1 l_1^2 \dot{\phi}_1^2 + \frac{1}{2} I_1 \dot{\phi}_1^2 + 2 m_2 l_1^2 \dot{\phi}_1^2 + \frac{1}{2} m_2 l_2^2 \dot{\phi}_2^2 + \frac{1}{2} I_2 \dot{\phi}_2^2 \\ &+ 2 m_2 l_1 l_2 \dot{\phi}_1 \dot{\phi}_2 \sin \phi_1 \sin \phi_2 + 2 m_2 l_1 l_2 \dot{\phi}_1 \dot{\phi}_2 \cos \phi_1 \cos \phi_2 \\ &- m_1 g l_1 \sin \phi_1 - 2 m_2 g l_1 \sin \phi_1 - m_2 g l_2 \sin \phi_2 \end{aligned} \tag{245a}$$

となる. これより，次の式が求まる.

$$\begin{aligned} \frac{\partial L}{\partial \phi_1} = &2 m_2 l_1 l_2 \dot{\phi}_1 \dot{\phi}_2 \cos \phi_1 \sin \phi_2 - 2 m_2 l_1 l_2 \dot{\phi}_1 \dot{\phi}_2 \sin \phi_1 \cos \phi_2 \\ &- m_1 g l_1 \cos \phi_1 - 2 m_2 g l_1 \cos \phi_1 \end{aligned} \tag{246a}$$

$$\frac{\partial L}{\partial \phi_2} = 2 m_2 l_1 l_2 \dot{\phi}_1 \dot{\phi}_2 \sin \phi_1 \cos \phi_2 - 2 m_2 l_1 l_2 \dot{\phi}_1 \dot{\phi}_2 \cos \phi_1 \sin \phi_2 - m_2 g l_2 \cos \phi_2 \tag{247a}$$

$$\begin{aligned} \frac{\partial L}{\partial \dot{\phi}_1} = &m_1 l_1^2 \dot{\phi}_1 + I_1 \dot{\phi}_1 + 4 m_2 l_1^2 \dot{\phi}_1 \\ &+ 2 m_2 l_1 l_2 \dot{\phi}_2 \sin \phi_1 \sin \phi_2 + 2 m_2 l_1 l_2 \dot{\phi}_2 \cos \phi_1 \cos \phi_2 \end{aligned} \tag{248a}$$

$$\frac{\partial L}{\partial \dot{\phi}_2} = m_2 l_2^2 \dot{\phi}_2 + I_2 \dot{\phi}_2 + 2 m_2 l_1 l_2 \dot{\phi}_1 \sin\phi_1 \sin\phi_2 + 2 m_2 l_1 l_2 \dot{\phi}_1 \cos\phi_1 \cos\phi_2 \tag{249a}$$

式 (246a),(248a) より,ラグランジュ方程式を用いて計算すると,運動方程式が求まる.

$$I_1 \ddot{\phi}_1 + m_1 l_1^2 \ddot{\phi}_1 + 4 m_2 l_1^2 \ddot{\phi}_1 + 2 m_2 g l_1 \cos\phi_1 + m_1 g l_1 \cos\phi_1$$
$$+ 2 m_2 l_1 l_2 \dot{\phi}_2^2 \sin(\phi_1 - \phi_2) + 2 m_2 l_1 l_2 \ddot{\phi}_2 \cos(\phi_1 - \phi_2) = 0 \tag{250a}$$

同様にして,式 (247a),(249a) より

$$I_2 \ddot{\phi}_2 + m_2 l_2^2 \ddot{\phi}_2 + m_2 g l_2 \cos\phi_2$$
$$+ 2 m_2 l_1 l_2 \ddot{\phi}_1 \cos(\phi_1 - \phi_2) - 2 m_2 l_1 l_2 \dot{\phi}_1^2 \sin(\phi_1 - \phi_2) = 0 \tag{251a}$$

したがって,式 (250a),(251a) が求める運動方程式となる.

混合微分代数方程式を用いた解法

一般化座標ベクトルは,次式となる.

$$\boldsymbol{q} = \{x_1 \ \ y_1 \ \ \phi_1 \ \ x_2 \ \ y_2 \ \ \phi_2\}^T \tag{252a}$$

質量行列は

$$\boldsymbol{M} = \begin{bmatrix} m_1 & 0 & 0 & 0 & 0 & 0 \\ 0 & m_1 & 0 & 0 & 0 & 0 \\ 0 & 0 & I_1 & 0 & 0 & 0 \\ 0 & 0 & 0 & m_2 & 0 & 0 \\ 0 & 0 & 0 & 0 & m_2 & 0 \\ 0 & 0 & 0 & 0 & 0 & I_2 \end{bmatrix} \tag{253a}$$

と表される.

拘束条件式は

$$\boldsymbol{\Phi}(\boldsymbol{q}) = \begin{Bmatrix} x_1 - l_1 \cos\phi_1 \\ y_1 - l_1 \sin\phi_1 \\ x_2 - 2 l_1 \cos\phi_1 - l_2 \cos\phi_2 \\ y_2 - 2 l_1 \sin\phi_1 - l_2 \sin\phi_2 \end{Bmatrix} = \boldsymbol{0} \tag{254a}$$

である.これより,ヤコビ行列は

$$\boldsymbol{\Phi}_q = \begin{bmatrix} 1 & 0 & l_1 \sin \phi_1 & 0 & 0 & 0 \\ 0 & 1 & -l_1 \cos \phi_1 & 0 & 0 & 0 \\ 0 & 0 & 2l_1 \sin \phi_1 & 1 & 0 & l_2 \sin \phi_2 \\ 0 & 0 & -2l_1 \cos \phi_1 & 0 & 1 & -l_2 \cos \phi_2 \end{bmatrix} \tag{255a}$$

$$\boldsymbol{\Phi}_q \dot{\boldsymbol{q}} = \begin{Bmatrix} \dot{x}_1 + \dot{\phi}_1 l_1 \sin \phi_1 \\ \dot{y}_1 - \dot{\phi}_1 l_1 \cos \phi_1 \\ 2\dot{\phi}_1 l_1 \sin \phi_1 + \dot{x}_2 + \dot{\phi}_2 l_2 \sin \phi_2 \\ -2\dot{\phi}_1 l_1 \cos \phi_1 + \dot{y}_2 - \dot{\phi}_2 l_2 \cos \phi_2 \end{Bmatrix} \tag{256a}$$

$$(\boldsymbol{\Phi}_q \dot{\boldsymbol{q}})_q = \begin{bmatrix} 0 & 0 & \dot{\phi}_1 l_1 \cos \phi_1 & 0 & 0 & 0 \\ 0 & 0 & \dot{\phi}_1 l_1 \sin \phi_1 & 0 & 0 & 0 \\ 0 & 0 & 2\dot{\phi}_1 l_1 \cos \phi_1 & 0 & 0 & \dot{\phi}_2 l_2 \cos \phi_2 \\ 0 & 0 & 2\dot{\phi}_1 l_1 \sin \phi_1 & 0 & 0 & \dot{\phi}_2 l_2 \sin \phi_2 \end{bmatrix} \tag{257a}$$

$$\boldsymbol{\gamma} = -(\boldsymbol{\Phi}_q \dot{\boldsymbol{q}})_q \dot{\boldsymbol{q}} = \begin{Bmatrix} -\dot{\phi}_1^2 l_1 \cos \phi_1 \\ -\dot{\phi}_1^2 l_1 \sin \phi_1 \\ -2\dot{\phi}_1^2 l_1 \cos \phi_1 - \dot{\phi}_2^2 l_2 \cos \phi_2 \\ -2\dot{\phi}_1^2 l_1 \sin \phi_1 - \dot{\phi}_2^2 l_2 \sin \phi_2 \end{Bmatrix} \tag{258a}$$

となる.

一般化力は

$$\boldsymbol{Q} = \begin{Bmatrix} 0 \\ -m_1 g \\ 0 \\ 0 \\ -m_2 g \\ 0 \end{Bmatrix} \tag{259a}$$

となる.

したがって，式 (252a), (253a), (255a), (258a), (259a) より，DAE は求まる．（式は省略）

ここで，ラグランジュ乗数を求めると

$$\begin{cases} \lambda_1 = m_1\dot{\phi}_1^2 l_1 \cos\phi_1 + m_1\ddot{\phi}_1 l_1 \sin\phi_1 \\ \lambda_2 = m_1\dot{\phi}_1^2 l_1 \sin\phi_1 - m_1\ddot{\phi}_1 l_1 \cos\phi_1 - m_1 g \\ \lambda_3 = 2m_2\dot{\phi}_1^2 l_1 \cos\phi_1 + m_2\dot{\phi}_2^2 l_2 \cos\phi_2 + 2m_2\ddot{\phi}_1 l_1 \sin\phi_1 + m_2\ddot{\phi}_2 l_2 \sin\phi_2 \\ \lambda_4 = 2m_2\dot{\phi}_1^2 l_1 \sin\phi_1 + m_2\dot{\phi}_2^2 l_2 \sin\phi_2 - 2m_2\ddot{\phi}_1 l_1 \cos\phi_1 - m_2\ddot{\phi}_2 l_2 \cos\phi_2 - m_2 g \end{cases} \quad (260a)$$

となり，式 (260a) より，運動方程式が求まる.

$$\begin{cases} I_1\ddot{\phi}_1 + m_1 l_1^2 \ddot{\phi}_1 + 4m_2 l_1^2 \ddot{\phi}_1 + 2m_2 g l_1 \cos\phi_1 + m_1 g l_1 \cos\phi_1 \\ \qquad + 2m_2 l_1 l_2 \dot{\phi}_2^2 \sin(\phi_1 - \phi_2) + 2m_2 l_1 l_2 \ddot{\phi}_2 \cos(\phi_1 - \phi_2) = 0 \\ I_2\ddot{\phi}_2 + m_2 l_2^2 \ddot{\phi}_2 + m_2 g l_2 \cos\phi_2 \\ \qquad + 2m_2 l_1 l_2 \ddot{\phi}_1 \cos(\phi_1 - \phi_2) - 2m_2 l_1 l_2 \dot{\phi}_1 \sin(\phi_1 - \phi_2) = 0 \end{cases} \quad (261a)$$

よって，混合微分代数方程式を用いても，ラグランジュ方程式から導出した解と同式が得られる.

8.2 ラグランジュ方程式を用いた解法

点 A, B, C の座標は次式となる.

$$\begin{cases} x_1 = l_1 \cos\phi_1 & y_1 = l_1 \sin\phi_1 \\ x_2 = 2l_1 \cos\phi_1 + l_2 \cos\phi_2 & y_2 = 2l_1 \sin\phi_1 + l_2 \sin\phi_2 \\ x_3 = 2l_1 \cos\phi_1 + 2l_2 \cos\phi_2 + l_3 \cos\phi_3 & y_3 = 2l_1 \sin\phi_1 + 2l_2 \sin\phi_2 + l_3 \sin\phi_3 \end{cases} \quad (262a)$$

すると，運動エネルギ T は

$$T = \frac{1}{2}m_1\dot{x}_1^2 + \frac{1}{2}m_1\dot{y}_1^2 + \frac{1}{2}I_1\dot{\phi}_1^2 + \frac{1}{2}m_2\dot{x}_2^2 + \frac{1}{2}m_2\dot{y}_2^2 + \frac{1}{2}I_2\dot{\phi}_2^2$$
$$+ \frac{1}{2}m_3\dot{x}_3^2 + \frac{1}{2}m_3\dot{y}_3^2 + \frac{1}{2}I_3\dot{\phi}_3^2 \quad (263a)$$

である．式 (262a) を代入して，整理すると

$$T = \frac{1}{2}m_1 l_1^2 \dot{\phi}_1^2 + \frac{1}{2}I_1\dot{\phi}_1^2 + 2m_2 l_1^2 \dot{\phi}_1^2 + 2m_3 l_1^2 \dot{\phi}_1^2 + \frac{1}{2}m_2 l_2^2 \dot{\phi}_2^2 + \frac{1}{2}I_2\dot{\phi}_2^2 + 2m_3 l_2^2 \dot{\phi}_2^2$$
$$+ \frac{1}{2}m_3 l_3^2 \dot{\phi}_3^2 + \frac{1}{2}I_3\dot{\phi}_3^2 + 2m_2 l_1 l_2 \dot{\phi}_1 \dot{\phi}_2 \cos(\phi_2 - \phi_1) + 4m_3 l_1 l_2 \dot{\phi}_1 \dot{\phi}_2 \cos(\phi_2 - \phi_1)$$
$$+ 2m_3 l_1 l_3 \dot{\phi}_1 \dot{\phi}_3 \cos(\phi_3 - \phi_1) + 2m_3 l_2 l_3 \dot{\phi}_2 \dot{\phi}_3 \cos(\phi_3 - \phi_2) \quad (264a)$$

となる．ポテンシャルエネルギ U は

$$U = m_1 g l_1 \sin\phi_1 + 2m_2 g l_1 \sin\phi_1 + m_2 g l_2 \sin\phi_2$$
$$+ 2m_3 g l_1 \sin\phi_1 + 2m_3 g l_2 \sin\phi_2 + m_3 g l_3 \sin\phi_3 \tag{265a}$$

と表される．よって，ラグランジアン L は

$$L = \frac{1}{2}m_1 l_1^2 \dot\phi_1^2 + \frac{1}{2}I_1 \dot\phi_1^2 + 2m_2 l_1^2 \dot\phi_1^2 + 2m_3 l_1^2 \dot\phi_1^2 + \frac{1}{2}m_2 l_2^2 \dot\phi_2^2 + \frac{1}{2}I_2 \dot\phi_2^2 + 2m_3 l_2^2 \dot\phi_2^2$$
$$+ \frac{1}{2}m_3 l_3^2 \dot\phi_3^2 + \frac{1}{2}I_3 \dot\phi_3^2 + 2m_2 l_1 l_2 \dot\phi_1 \dot\phi_2 \cos(\phi_2 - \phi_1) + 4m_3 l_1 l_2 \dot\phi_1 \dot\phi_2 \cos(\phi_2 - \phi_1)$$
$$+ 2m_3 l_1 l_3 \dot\phi_1 \dot\phi_3 \cos(\phi_3 - \phi_1) + 2m_3 l_2 l_3 \dot\phi_2 \dot\phi_3 \cos(\phi_3 - \phi_2) - m_1 g l_1 \sin\phi_1$$
$$- 2m_2 g l_1 \sin\phi_1 - m_2 g l_2 \sin\phi_2 - 2m_3 g l_1 \sin\phi_1 - 2m_3 g l_2 \sin\phi_2 - m_3 g l_3 \sin\phi_3 \tag{266a}$$

となる．これより，次の式が求まる．

$$\frac{\partial L}{\partial \phi_1} = 2m_2 l_1 l_2 \dot\phi_1 \dot\phi_2 \sin(\phi_2 - \phi_1) + 4m_3 l_1 l_2 \dot\phi_1 \dot\phi_2 \sin(\phi_2 - \phi_1)$$
$$+ 2m_3 l_1 l_3 \dot\phi_1 \dot\phi_3 \sin(\phi_3 - \phi_1) - m_1 g l_1 \cos\phi_1 - 2m_2 g l_1 \cos\phi_1 - 2m_3 g l_1 \cos\phi_1 \tag{267a}$$

$$\frac{\partial L}{\partial \phi_2} = 2m_2 l_1 l_2 \dot\phi_1 \dot\phi_2 \sin(\phi_1 - \phi_2) + 4m_3 l_1 l_2 \dot\phi_1 \dot\phi_2 \sin(\phi_1 - \phi_2)$$
$$+ 2m_3 l_2 l_3 \dot\phi_2 \dot\phi_3 \sin(\phi_3 - \phi_2) - m_2 g l_2 \cos\phi_2 - 2m_3 g l_2 \cos\phi_2 \tag{268a}$$

$$\frac{\partial L}{\partial \phi_3} = 2m_3 l_1 l_2 \dot\phi_1 \dot\phi_3 \sin(\phi_1 - \phi_3) + 2m_3 l_2 l_3 \dot\phi_2 \dot\phi_3 \sin(\phi_2 - \phi_3) - m_3 g l_3 \cos\phi_3 \tag{269a}$$

$$\frac{\partial L}{\partial \dot\phi_1} = m_1 l_1^2 \dot\phi_1 + I_1 \dot\phi_1 + 4m_2 l_1^2 \dot\phi_1 + 2m_2 l_1 l_2 \dot\phi_2 \cos(\phi_2 - \phi_1)$$
$$+ 4m_3 l_1^2 \dot\phi_1 + 4m_3 l_1 l_2 \dot\phi_2 \cos(\phi_2 - \phi_1) + 2m_3 l_1 l_3 \dot\phi_3 \cos(\phi_3 - \phi_1) \tag{270a}$$

$$\frac{\partial L}{\partial \dot\phi_2} = m_2 l_2^2 \dot\phi_2 + I_2 \dot\phi_2 + 4m_3 l_2^2 \dot\phi_2 + 2m_2 l_1 l_2 \dot\phi_1 \cos(\phi_2 - \phi_1)$$
$$+ 4m_3 l_1 l_2 \dot\phi_1 \cos(\phi_2 - \phi_1) + 2m_3 l_2 l_3 \dot\phi_3 \cos(\phi_3 - \phi_2) \tag{271a}$$

$$\frac{\partial L}{\partial \dot\phi_3} = m_3 l_3^2 \dot\phi_3 + I_3 \dot\phi_3 + 2m_3 l_1 l_3 \dot\phi_1 \cos(\phi_3 - \phi_1) + 2m_3 l_2 l_3 \dot\phi_2 \cos(\phi_3 - \phi_2) \tag{272a}$$

式 (267a)，(270a) より，ラグランジュ方程式を用いて計算すると，運動方程式が求まる．

$$I_1 \ddot\phi_1 + (m_1 + 4m_2 + 4m_3) l_1^2 \ddot\phi_1 + (2m_2 + 4m_3) l_1 l_2 \ddot\phi_2 \cos(\phi_2 - \phi_1)$$
$$+ 2m_3 l_1 l_3 \ddot\phi_3 \cos(\phi_3 - \phi_1) + (2m_2 + 4m_3) l_1 l_2 \dot\phi_2^2 \sin(\phi_1 - \phi_2)$$

$$+2m_3l_1l_3\dot{\phi}_3^2\sin(\phi_1-\phi_3)+(m_1+2m_2+2m_3)gl_1\cos\phi_1=0 \tag{273a}$$

同様にして，式 (268a), (271a) より

$$I_2\ddot{\phi}_2+(2m_2+4m_3)l_1l_2\ddot{\phi}_1\cos(\phi_2-\phi_1)+(m_2+4m_3)l_2^2\ddot{\phi}_2$$

$$+2m_3l_2l_3\ddot{\phi}_3\cos(\phi_3-\phi_2)+(2m_2+4m_3)l_1l_2\dot{\phi}_1^2\sin(\phi_2-\phi_1)$$

$$+2m_3l_2l_3\dot{\phi}_3^2\sin(\phi_2-\phi_3)+(m_2+2m_3)gl_2\cos\phi_2=0 \tag{274a}$$

式 (269a), (272a) より

$$I_3\ddot{\phi}_3+2m_3l_1l_3\ddot{\phi}_1\cos(\phi_3-\phi_1)+2m_3l_2l_3\ddot{\phi}_2\cos(\phi_3-\phi_2)+m_3l_3^2\ddot{\phi}_3$$

$$+2m_3l_1l_3\dot{\phi}_1^2\sin(\phi_3-\phi_1)+2m_3l_2l_3\dot{\phi}_2^2\sin(\phi_3-\phi_2)+m_3gl_3\cos\phi_3=0 \tag{275a}$$

したがって，式 (273a), (274a), (275a) が求める運動方程式となる．

混合微分代数方程式を用いた解法

一般化座標ベクトルは，次式となる．

$$\boldsymbol{q}=\{x_1\ \ y_1\ \ \phi_1\ \ x_2\ \ y_2\ \ \phi_2\ \ x_3\ \ y_3\ \ \phi_3\}^T \tag{276a}$$

質量行列は

$$\boldsymbol{M}=\begin{bmatrix} m_1 & 0 & 0 & 0 & 0 & 0 & 0 & 0 & 0 \\ 0 & m_1 & 0 & 0 & 0 & 0 & 0 & 0 & 0 \\ 0 & 0 & I_1 & 0 & 0 & 0 & 0 & 0 & 0 \\ 0 & 0 & 0 & m_2 & 0 & 0 & 0 & 0 & 0 \\ 0 & 0 & 0 & 0 & m_2 & 0 & 0 & 0 & 0 \\ 0 & 0 & 0 & 0 & 0 & I_2 & 0 & 0 & 0 \\ 0 & 0 & 0 & 0 & 0 & 0 & m_3 & 0 & 0 \\ 0 & 0 & 0 & 0 & 0 & 0 & 0 & m_3 & 0 \\ 0 & 0 & 0 & 0 & 0 & 0 & 0 & 0 & I_3 \end{bmatrix} \tag{277a}$$

と表される．

拘束条件式は

$$\Phi(q) = \left\{ \begin{array}{c} x_1 - l_1 \cos\phi_1 \\ y_1 - l_1 \sin\phi_1 \\ x_2 - 2l_1 \cos\phi_1 - l_2 \cos\phi_2 \\ y_2 - 2l_1 \sin\phi_1 - l_2 \sin\phi_2 \\ x_3 - 2l_1 \cos\phi_1 - 2l_2 \cos\phi_2 - l_3 \cos\phi_3 \\ y_2 - 2l_1 \sin\phi_1 - 2l_2 \sin\phi_2 - l_3 \sin\phi_3 \end{array} \right\} = \mathbf{0} \tag{278a}$$

である．これより，ヤコビ行列は

$$\Phi_q = \begin{bmatrix} 1 & 0 & l_1 \sin\phi_1 & 0 & 0 & 0 & 0 & 0 & 0 \\ 0 & 1 & -l_1 \cos\phi_1 & 0 & 0 & 0 & 0 & 0 & 0 \\ 0 & 0 & 2l_1 \sin\phi_1 & 1 & 0 & l_2 \sin\phi_2 & 0 & 0 & 0 \\ 0 & 0 & -2l_1 \cos\phi_1 & 0 & 1 & -l_2 \cos\phi_2 & 0 & 0 & 0 \\ 0 & 0 & 2l_1 \sin\phi_1 & 0 & 0 & 2l_2 \sin\phi_2 & 1 & 0 & l_3 \sin\phi_3 \\ 0 & 0 & -2l_1 \cos\phi_1 & 0 & 0 & -2l_2 \cos\phi_2 & 0 & 1 & -l_3 \cos\phi_3 \end{bmatrix} \tag{279a}$$

$$\Phi_q \dot{q} = \left\{ \begin{array}{c} \dot{x}_1 + \dot{\phi}_1 l_1 \sin\phi_1 \\ \dot{y}_1 - \dot{\phi}_1 l_1 \cos\phi_1 \\ 2\dot{\phi}_1 l_1 \sin\phi_1 + \dot{x}_2 + \dot{\phi}_2 l_2 \sin\phi_2 \\ -2\dot{\phi}_1 l_1 \cos\phi_1 + \dot{y}_2 - \dot{\phi}_2 l_2 \cos\phi_2 \\ 2\dot{\phi}_1 l_1 \sin\phi_1 + 2\dot{\phi}_2 l_2 \sin\phi_2 + \dot{x}_3 + \dot{\phi}_3 l_3 \sin\phi_3 \\ -2\dot{\phi}_1 l_1 \cos\phi_1 - 2\dot{\phi}_2 l_2 \cos\phi_2 + \dot{y}_3 - \dot{\phi}_3 l_3 \cos\phi_3 \end{array} \right\} \tag{280a}$$

$$(\Phi_q \dot{q})_q = \begin{bmatrix} 0 & 0 & \dot{\phi}_1 l_1 \cos\phi_1 & 0 & 0 & 0 & 0 & 0 & 0 \\ 0 & 0 & \dot{\phi}_1 l_1 \sin\phi_1 & 0 & 0 & 0 & 0 & 0 & 0 \\ 0 & 0 & 2\dot{\phi}_1 l_1 \cos\phi_1 & 0 & 0 & \dot{\phi}_2 l_2 \cos\phi_2 & 0 & 0 & 0 \\ 0 & 0 & 2\dot{\phi}_1 l_1 \sin\phi_1 & 0 & 0 & \dot{\phi}_2 l_2 \sin\phi_2 & 0 & 0 & 0 \\ 0 & 0 & 2\dot{\phi}_1 l_1 \sin\phi_1 & 0 & 0 & 2\dot{\phi}_2 l_2 \cos\phi_2 & 0 & 0 & \dot{\phi}_3 l_3 \cos\phi_3 \\ 0 & 0 & 2\dot{\phi}_1 l_1 \sin\phi_1 & 0 & 0 & 2\dot{\phi}_2 l_2 \sin\phi_2 & 0 & 0 & \dot{\phi}_3 l_3 \sin\phi_3 \end{bmatrix} \tag{281a}$$

$$\gamma = -(\Phi_q \dot{q})_q \dot{q} = \left\{ \begin{array}{c} -\dot{\phi}_1^2 l_1 \cos \phi_1 \\ -\dot{\phi}_1^2 l_1 \sin \phi_1 \\ -2\dot{\phi}_1^2 l_1 \cos \phi_1 - \dot{\phi}_2^2 l_2 \cos \phi_2 \\ -2\dot{\phi}_1^2 l_1 \sin \phi_1 - \dot{\phi}_2^2 l_2 \sin \phi_2 \\ -2\dot{\phi}_1^2 l_1 \cos \phi_1 - 2\dot{\phi}_2^2 l_2 \cos \phi_2 - \dot{\phi}_3^2 l_3 \cos \phi_3 \\ -2\dot{\phi}_1^2 l_1 \sin \phi_1 - 2\dot{\phi}_2^2 l_2 \sin \phi_2 - \dot{\phi}_3^2 l_3 \sin \phi_3 \end{array} \right\} \quad (282\text{a})$$

となる．

一般化力は

$$Q = \left\{ \begin{array}{c} 0 \\ -m_1 g \\ 0 \\ 0 \\ -m_2 g \\ 0 \\ 0 \\ -m_3 g \\ 0 \end{array} \right\} \quad (283\text{a})$$

となる．

したがって，式 (276a), (277a), (279a), (282a), (283a) より，DAE は求まる．（式は省略）

ここで，ラグランジュ乗数を求めると

$$
\begin{cases}
\lambda_1 = m_1 l_1 \ddot{\phi}_1 \sin\phi_1 + m_1 l_1 \dot{\phi}_1^2 \cos\phi_1 \\
\lambda_2 = -m_1 l_1 \ddot{\phi}_1 \cos\phi_1 + m_1 l_1 \dot{\phi}_1^2 \sin\phi_1 - m_1 g \\
\lambda_3 = 2m_2 l_1 \ddot{\phi}_1 \sin\phi_1 + m_2 l_2 \ddot{\phi}_2 \sin\phi_2 + 2m_2 l_1 \dot{\phi}_1^2 \cos\phi_1 + m_2 l_2 \dot{\phi}_2^2 \cos\phi_2 \\
\lambda_4 = -2m_2 l_1 \ddot{\phi}_1 \cos\phi_1 - m_2 l_2 \ddot{\phi}_2 \cos\phi_2 + 2m_2 l_1 \dot{\phi}_1^2 \sin\phi_1 + m_2 l_2 \dot{\phi}_2^2 \sin\phi_2 - m_2 g \\
\lambda_5 = 2m_3 l_1 \ddot{\phi}_1 \sin\phi_1 + 2m_3 l_2 \ddot{\phi}_2 \sin\phi_2 + m_3 l_3 \ddot{\phi}_3 \sin\phi_3 \\
\qquad + 2m_3 l_1 \dot{\phi}_1^2 \cos\phi_1 + 2m_3 l_2 \dot{\phi}_2^2 \cos\phi_2 + m_3 l_3 \dot{\phi}_3^2 \cos\phi_3 \\
\lambda_6 = -2m_3 l_1 \ddot{\phi}_1 \cos\phi_1 - 2m_3 l_2 \ddot{\phi}_2 \cos\phi_2 - m_3 l_3 \ddot{\phi}_3 \cos\phi_3 \\
\qquad + 2m_3 l_1 \dot{\phi}_1^2 \sin\phi_1 + 2m_3 l_2 \dot{\phi}_2^2 \sin\phi_2 + m_3 l_3 \dot{\phi}_3^2 \sin\phi_3 - m_3 g
\end{cases}
\tag{284a}
$$

となり，式 (284a) より，運動方程式が求まる．

$$
\begin{cases}
I_1 \ddot{\phi}_1 + (m_1 + 4m_2 + 4m_3) l_1^2 \ddot{\phi}_1 + (2m_2 + 4m_3) l_1 l_2 \ddot{\phi}_2 \cos(\phi_2 - \phi_1) \\
\qquad + 2m_3 l_1 l_3 \ddot{\phi}_3 \cos(\phi_3 - \phi_1) + (2m_2 + 4m_3) l_1 l_2 \dot{\phi}_2^2 \sin(\phi_1 - \phi_2) \\
\qquad + 2m_3 l_1 l_3 \dot{\phi}_3^2 \sin(\phi_1 - \phi_3) + (m_1 + 2m_2 + 2m_3) g l_1 \cos\phi_1 = 0 \\
I_2 \ddot{\phi}_2 + (2m_2 + 4m_3) l_1 l_2 \ddot{\phi}_1 \cos(\phi_2 - \phi_1) + (m_2 + 4m_3) l_2^2 \ddot{\phi}_2 \\
\qquad + 2m_3 l_2 l_3 \ddot{\phi}_3 \cos(\phi_3 - \phi_2) + (2m_2 + 4m_3) l_1 l_2 \dot{\phi}_1^2 \sin(\phi_2 - \phi_1) \\
\qquad + 2m_3 l_2 l_3 \dot{\phi}_3^2 \sin(\phi_2 - \phi_3) + (m_2 + 2m_3) g l_2 \cos\phi_2 = 0 \\
I_3 \ddot{\phi}_3 + 2m_3 l_1 l_3 \ddot{\phi}_1 \cos(\phi_3 - \phi_1) + 2m_3 l_2 l_3 \ddot{\phi}_2 \cos(\phi_3 - \phi_2) + m_3 l_3^2 \ddot{\phi}_3 \\
\qquad + 2m_3 l_1 l_3 \dot{\phi}_1^2 \sin(\phi_3 - \phi_1) + 2m_3 l_2 l_3 \dot{\phi}_2^2 \sin(\phi_3 - \phi_2) + m_3 g l_3 \cos\phi_3 = 0
\end{cases}
\tag{285a}
$$

よって，混合微分代数方程式を用いても，ラグランジュ方程式から導出した解と同式が得られる．

参 考 文 献

[1] 谷口 修（1960），『改著 機械力学 I -機構と運動-』，養賢堂．
[2] 稲田 重男，森田 鈞（1966），『大学課程機構学』，オーム社．
[3] 後藤 憲一，山本 邦夫，神吉 健（1971），『詳解力学演習』，共立出版．
[4] 糸島 寛典（1974），『機構学』，パワー社．
[5] 北郷 薫，玉置 正恭（1974），『機構学および機械力学』，工学図書．
[6] 森田 鈞（1974），『機構学』，実教出版．
[7] 中川 憲治（1977），『工科のための一般力学』，森北出版．
[8] 牧野 洋，高野 政晴（1978），『精密工学講座 6 機械運動学』，コロナ社．
[9] 徳岡 善助，冨田 博之（1982），『力学への道』，学術図書出版．
[10] 高野 政晴，遠山 茂樹（1984），『セミナーライブラリ機械工学=5 演習機械運動学』，サイエンス社．
[11] 三輪 修三，坂田 勝（1984），『機械系大学講義シリーズ 10 機械力学』，コロナ社．
[12] 井垣 久，中山 英明，川島 成平，安富 雅典（1989），『機構学』，朝倉書店．
[13] 遠山 茂樹（1993），『機械のダイナミクス ―マルチボディ・ダイナミクス―』，コロナ社．
[14] John W. Harris, Horst Stocker (1998), *Handbook of Mathematics and Computational Science*, Springer.
[15] 末岡 淳男，綾部 隆（1997），『機械工学入門講座 5 機械力学』，森北出版．
[16] 原島 鮮（1999），『力学（三訂版）』，裳華房．
[17] 三浦 宏文監修（2001），『ハンディブック メカトロニクス』，オーム社．
[18] 三浦 宏文編修（2001），『グローバル機械工学シリーズ 1 機械力学 ―機構・運動・力学―』，朝倉書店．
[19] 安田 仁彦（2001），『機構学』，コロナ社．
[20] 萩原 茅彦，鈴木 秀人，千葉 和茂（2004），『よくわかる機構学』，オーム社．
[21] 太田 博（2003），『工学基礎 機構学[増強版]』，共立出版．
[22] 金光 陽一，末岡 淳男，近藤 孝広（2003），『基礎機械工学シリーズ 10 機械力学―機械系のダイナミクス―』，朝倉書店．
[23] 末岡 淳男，雉本 信哉，松﨑 健一郎，井上 卓見，劉 孝宏（2004），『機械工学入門講座別巻 機械力学演習』，森北出版．
[24] 藤田 勝久（2004），『機械運動学 機械力学の基礎から機構動力学解析まで』，森北出版．
[25] 大熊 政明（2005），『機械工学 EKK-A1 新・工業力学 －例解から応用への展開－』，数理工学社．
[26] J. L. Meriam, L. G. Kraige 著，浅見 敏彦訳（2006），『メリアム カラー図解 機械の力学 質点の

力学』.

[27] 田島 洋（2006），『マルチボディダイナミクスの基礎 3次元運動方程式の立て方』，東京電機大学出版局.

[28] 日本機械学会（2006），『マルチボディダイナミクス(1) —基礎理論—』，コロナ社.

[29] J. L. Meriam, L. G. Kraige 著，浅見 敏彦訳（2007），『メリアム カラー図解 機械の力学 剛体の力学』.

[30] 社団法人日本機械学会（2007），『JSMEテキストシリーズ 機構学 機械の仕組みと運動』，社団法人日本機械学会.

[31] 日本機械学会（2007），『マルチボディダイナミクス(2) —数値解析と実際—』，コロナ社.

[32] 学習研究社（2007），『大人の科学 大江戸からくり人形』.

[33] 重松 洋一，大髙 敏男（2008），『機械系教科書シリーズ23 機構学』，コロナ社.

[34] 副島 雄児，杉山 忠男（2009），『講談社基礎物理学シリーズ1 力学』，講談社.

[35] 林 輝，伊藤 高廣（2009），『運動とメカニズム』，コロナ社.

[36] 大熊 政明（2010），『機械工学EKK-ex2 新・演習工業力学』，数理工学社.

[37] 鈴木 健司，森田 寿郎（2010），『基礎から学ぶ機構学』，オーム社.

[38] 岩本 太郎（2012），『機構学』，森北出版.

索　引

【数字】
3瞬間中心の定理　15
4節回転リンク機構　19
4節リンク機構　19

【A】
angle of contact　87
arc of contact　87

【B】
base circle　67
base curve　67
belt pulley　115

【C】
cam　63
cam chart　67
cam diagram　67
cam mechanism　63
Cartesian coordinates　28, 45
chain　6, 120
change point　21
changing point　21
closed pair　5
common cycloid　85
conical cam　65
connecting rod　19
constrained chain　7
coordinate transformation　31, 50
Coriolis' acceleration　18, 31
crank　19
cross belting　114
crossed slider lever mechanism　24
curved bevel gear　82
cylindrical cam　65
cylindrical coordinates　46
cylindrical gear　80

【D】
DAE　125, 127
dead point　21
degree of freedom　8
Differential Algebraic Equation　125
differential algebraic equation　127
double crank mechanism　19
double lever mechanism　20
driver　8

【E】
elliptic trammel　26
end cam　65
epicycloid　85
Euler's equation　16

【F】
face cam　64
face gear　82
fixed block double slider crank mechanism　24
fixed block slider crank mechanism　22
fixed center　14
follower　8, 63

【G】
gear　77
gear train　93
globoid worm　93
gorge circle　105
Grashof's theorem　21
grooved pulley　119
gyro effect　59
gyro moment　59
gyroscopic moment　59

【H】
helical gear　90
helix angle　90

higher pair　4
homogeneous coordinates　56
Hooke's joint　57
hyperboloid of revolution of one sheet　105
hypocycloid　85
hypoid gear　83

【I】
idle gear　94
instantaneous center　14
inverse cam　65

【L】
lever　19
lever crank mechanism　19
lift　67
link　4, 6, 19
link mechanism　19
linkage mechanism　19
locked chain　6
logarithmic spiral　108
lower pair　4

【O】
offset cam　64
Oldham's coupling　26
open belting　114
orthogonal coordinates　28
oscillating block slider crank mechanism　22

【P】
pinion　82
planar polar coordinates　29
plane cam　64
plate cam　64
positive cam　66
precession　59

【Q】
quick return motion mechanism　23

【R】
rack　82
Rapson's rudder steering mechanism　27
reciprocating block double slider crank mechanism　24
reciprocating block slider crank mechanism　22
rectangular coordinates　28

revolving block double slider crank mechanism　24
revolving block slider crank mechanism　22
robot arm　55
rocker　19
rope pulley　119

【S】
Scotch yoke　26
screw gear　83
screw pair　5
silent chain　122
slack side　116
slider　22
sliding pair　5
solid cam　65
speed change gears　96
spherical cam　65
spherical cooordinates　48
spin　59
sprocket wheel　120
spur gear　82
straight bevel gear　82
swash plate cam　65

【T】
tension side　116
three-dimensional cam　64
tooth　77
translation cam　65
turning pair　5

【U】
unconstrained chain　7
universal joint　57

【W】
worm　91
worm gear　91

【ア】
遊び車　103, 105, 110
遊び歯車　94
圧力角　72, 73
板カム　64, 69, 74
位置エネルギ　125
一般化座標　125

一般化座標ベクトル　127
一般化力　125, 127
移動座標系　31
インボリュート歯形　83, 88
インボリュート歯車　83, 87
ウォーム　83, 91
ウォームギア　83, 90, 91
浮き上がり　74
内かみ合い歯車　82
内歯車　82
運動エネルギ　125
永久中心　14
エンジン　2, 6
円錐カム　65
円錐車　104, 105, 107
円錐ベルト車　119
円柱カム　65
円柱座標　46
円筒カム　65
円筒座標　46
円筒歯車　80
円筒摩擦車　103
円ピッチ　80
オイラーの公式　16, 17
往復運動　4
往復スライダクランク機構　22
往復両スライダクランク機構　24
オープンベルト　114
押し付け力　118
オフセットスライダクランク機構　42
オルダムの継手　26

【カ】
外転サイクロイド　85
回転スライダクランク機構　22
回転速度比　114, 119, 121
回転対偶　63
回転ベクトル　15–17
回転変換マトリックス　51
回転両スライダクランク機構　24
確動カム　66
かさ車　104, 110
かさ歯車　104
加速度線図　67
かたよりカム　64

滑車　3
かみ合い長さ　87
カム　63
カム機構　63
カム線図　67
からくり人形　2
冠車　105
緩和曲線　69
ギア　82
機械　1
器具　2
機構学　2
基準座標系　31, 50
機素　4, 6, 13
基礎円　67, 73, 83
基礎曲線　67
きのこ型カム　64
球座標　48
球面カム　65
球面座標　48
球面4節リンク機構　57
局所座標系　31, 50
空間極座標　48
くさび作用　119
グラスホフの定理　21
クランク　19
クランク機構　4
クロスベルト　114
ケネディの定理　15
限定対偶　5
限定連鎖　7
原動節　8, 63
工具　1
交差スライダてこ機構　24
高次対偶　4
向心加速度　18, 31
構造物　1
拘束式　127
拘束対偶　5
拘束連鎖　7
固定スライダクランク機構　22
固定中心　14
固定両スライダクランク機構　24
固定連鎖　6
コリオリの加速度　18, 31

ころがり運動　99, 109
ころがり接触　100, 108
混合微分代数方程式　125, 127

【サ】
サイクロイド曲線　85
サイクロイド歯形　85, 86
サイクロイド歯車　83, 85
歳差運動　59
サイレントチェーン　122
差動かさ歯車　96
差動歯車列　95
座標変換　31, 50
散逸エネルギ　125
三重振子　130
思案点　21
自在継手　57
実体カム　65
質量行列　127
死点　21
ジャイロ効果　59
ジャイロモーメント　59
斜板カム　65
十字掛け　114, 116
周速度　114, 117
自由度　4–6, 8–10
従動節　8, 63
瞬間中心　14
小歯車　82
正面カム　64
初期張力　117
すぐばかさ歯車　82
スコッチヨーク　26
スピン　59
スプロケット　120
すべり子　22
すべり対偶　5
スライダ　22
スライダクランク機構　22
静止座標系　31
静摩擦係数　99
静摩擦力　99
節　4, 19
接触運動　100
接触角　87

接触弧　87
接線方向加速度　31
接線方向速度　100
線対偶　4
全歯たけ　79
装置　1
速度線図　67
外かみ合い歯車　82

【タ】
対偶　4
対数渦巻き線　108
大歯車　82
太陽歯車　94
楕円車　107
楕円定規機構　26
多機素節　5
多節対偶　5
段車　119
単弦運動機構　26
単節　6
単双曲線回転面　105
単振子　126
端面カム　65
チェーン伝動機構　113
近寄り弧　87
中間車　114
頂げき　79
調和振動　15
直動カム　65
直角座標　28, 45
直交回転マトリックス　34
直交座標　28
鼓形ウォーム　93
低次対偶　4
デカルト座標　28, 45
てこ　19
てこクランク機構　19
点対偶　4, 8, 63
同次座標　56
動摩擦係数　100
遠のき弧　87

【ナ】
内転サイクロイド　85
二重振子　130

ねじ対偶　5
ねじ歯車　83
ねじれ角　90
のど円　105

【ハ】
歯　77
歯厚　80
ハイポイドギア　83
歯車　77
歯車列　93
歯先円　79
歯末たけ　79
歯末面　79
歯すじ　90
はすば歯車　82, 90
バックラッシ　80
歯溝の幅　80
歯面　79
歯元たけ　79
歯元面　79
早戻り機構　23
張り側　116
張り車　114
半径方向加速度　31
反対カム　65
ピッチ円　78
ピッチ点　78
ピニオン　82
標準歯車　85
平歯車　78, 82
平ベルト　114
ピンリンク　120
V型溝車　114
Vベルト　110, 114, 118
V溝　118, 119
フェース歯車　82
フォロワー　63
複節　6
複素数表示　16
不限定連鎖　7
普通サイクロイド　85
フック継手　57
フランツ・ルロー　1
平行掛け　114, 115

平行軸歯車　80
平面4節リンク機構　19
平面回転座標変換マトリックス　32
平面カム　64
平面極座標　29
ベルト車　115, 119
ベルト伝動機構　113, 114, 119
変位曲線　67, 73
変速機　119
変速歯車装置　96
方向余弦マトリックス　51
法線ピッチ　83
法線方向速度　100

【マ】
マイタ車　105
まがりかさ歯車　82
巻きかけ伝動機構　113
巻きつけ角　116
摩擦車　101–105, 110, 114
まわり対偶　5
右手の法則　60
溝車　119
溝付き摩擦伝動機構　109
無段変速機　119
無段変速機構　110
モジュール　80

【ヤ】
やまば歯車　82
有効歯たけ　79
遊星歯車　94
遊星歯車列　94
遊星椀　94
緩み側　116
葉形車　109
揺動カム　64
揺動スライダクランク機構　22
揺腕　19

【ラ】
ラグランジアン　125
ラグランジュ乗数　127
ラグランジュ方程式　125
ラック　82
ラプソンの舵取り機構　27

立体カム　64, 65
立体機構　10
リフト　67
両クランク機構　19
両スライダ機構　24
両てこ機構　20
輪郭曲線　64, 67, 69, 101
リンク　4, 6, 19
リンク機構　19

連鎖　6
連接棒　19
ロープ車　119
ロープ伝動機構　119
ローラ　63, 69
ローラカム　64
ローラチェーン　120
ローラリンク　120
ロボットアーム　55

Memorandum

Memorandum

Memorandum

Memorandum

〈著者紹介〉

伊藤　智博（いとう　ともひろ）
- 1977 年　大阪大学大学院工学研究科修士課程修了
- 専門分野　機械力学，振動工学
- 現　　在　大阪府立大学大学院工学研究科機械工学分野教授，博士（工学）

新谷　篤彦（しんたに　あつひこ）
- 1997 年　京都工芸繊維大学大学院工芸科学研究科博士後期課程修了
- 専門分野　機械力学，振動工学
- 現　　在　大阪府立大学大学院工学研究科機械工学分野教授，博士（工学）

中川　智皓（なかがわ　ちひろ）
- 2010 年　東京大学大学院工学系研究科博士後期課程修了
- 専門分野　機械力学，制御工学
- 現　　在　大阪府立大学大学院工学研究科機械工学分野准教授，博士（工学）

わかりやすい 機構学

2016 年 10 月 25 日　初版 1 刷発行
2021 年 10 月 20 日　初版 2 刷発行

検印廃止

著　者　伊藤　智博　Ⓒ 2016
　　　　新谷　篤彦
　　　　中川　智皓
発行者　南條　光章
発行所　**共立出版株式会社**
　　　　〒112-0006　東京都文京区小日向4丁目6番19号
　　　　電話　03-3947-2511
　　　　振替　00110-2-57035
　　　　URL　www.kyoritsu-pub.co.jp

一般社団法人
自然科学書協会
会員

印刷・製本：錦明印刷(株)
NDC 531.3 / Printed in Japan

ISBN 978-4-320-08215-1

JCOPY　〈出版者著作権管理機構委託出版物〉
本書の無断複製は著作権法上での例外を除き禁じられています．複製される場合は，そのつど事前に，出版者著作権管理機構（TEL：03-5244-5088，FAX：03-5244-5089，e-mail：info@jcopy.or.jp）の許諾を得てください．

■機械工学関連書

www.kyoritsu-pub.co.jp　共立出版

- 生産技術と知能化 (S知能機械工学 1) ……… 山本秀彦著
- 情報工学の基礎 (S知能機械工学 2) ………… 谷　和男著
- 現代制御 (S知能機械工学 3) ………………… 山田宏尚他著
- 構造健全性評価ハンドブック ……… 構造健全性評価ハンドブック編集委員会編
- 入門編 生産システム工学 総合生産学への途 第6版 … 人見勝人著
- 衝撃工学の基礎と応用 ………………………… 横山　隆編著
- 機械系の基礎力学 ……………………………… 山川　宏著
- 機械系の材料力学 ……………………………… 山川　宏他著
- Mathematicaによるテンソル解析 ……………… 野村靖一著
- わかりやすい材料力学の基礎 第2版 ………… 中田政之他著
- 工学基礎 材料力学 新訂版 …………………… 清家政一郎著
- 詳解 材料力学演習 上・下 …………………… 斉藤　渥他著
- 固体力学の基礎 (機械工学テキスト選書 1) … 田中英一著
- 工学基礎 固体力学 …………………………… 園田佳巨他著
- 超音波による欠陥寸法測定 …… 小林英男他編集委員会代表
- 破壊事故 失敗知識の活用 ……………………… 小林英男編著
- 構造振動学 ……………………………………… 千葉正克他著
- 基礎 振動工学 第2版 ………………………… 横山　隆他著
- 機械系の振動学 ………………………………… 山川　宏著
- わかりやすい振動工学 ………………………… 砂子田勝昭他著
- 弾性力学 ………………………………………… 荻　博次著
- 繊維強化プラスチックの耐久性 ……………… 宮野　靖他著
- 複合材料の力学 ………………………………… 岡部朋永他訳
- 図解 よくわかる機械加工 ……………………… 武藤一夫著
- 材料加工プロセス ものづくりの基礎 ………… 山口克彦他編著
- ナノ加工学の基礎 ……………………………… 井原　透著
- 機械・材料系のためのマイクロ・ナノ加工の原理 … 近藤英一著
- 機械技術者のための材料加工学入門 ………… 吉田総仁他著
- 基礎 精密測定 第3版 ………………………… 津村喜代治著
- X線CT 産業・理工学でのトモグラフィー実践活用 … 戸田裕之著
- 図解 よくわかる機械計測 ……………………… 武藤一夫著

- 基礎 制御工学 増補版 (情報・電子入門S 2) … 小林伸明他著
- 詳解 制御工学演習 …………………………… 明石　一他共著
- 工科系のためのシステム工学 力学・制御工学 … 山本郁夫他著
- 基礎から実践まで理解できるロボット・メカトロニクス … 山本郁夫他著
- ロボティクス モデリングと制御 (S知能機械工学 4) … 川﨑晴久著
- 熱エネルギーシステム 第2版 (機械システム入門S 10) … 加藤征三編著
- 工業熱力学の基礎と要点 ……………………… 中山　顕他著
- 熱流体力学 基礎から数値シミュレーションまで … 中山　顕他著
- 伝熱学 基礎と要点 …………………………… 菊地義弘他著
- 流体工学の基礎 ……………………………… 大坂英雄他著
- データ同化流体科学 流動現象のデジタルツイン (クロスセクショナルS 10) … 大林　茂他著
- 流体の力学 …………………………………… 太田　有他著
- 流体力学の基礎と流体機械 ………………… 福島千晴他著
- 空力音響学 渦音の理論 ……………………… 淺井雅人他訳
- 例題でわかる基礎・演習流体力学 …………… 前川　博他著
- 対話とシミュレーションムービーでまなぶ流体力学 … 前川　博著
- 流体機械 基礎理論から応用まで ……………… 山本　誠他著
- 流体システム工学 (機械システム入門S 12) … 菊山功嗣他著
- わかりやすい機構学 …………………………… 伊藤智博他著
- 気体軸受技術 設計・製作と運転のテクニック … 十合晋一他著
- アイデア・ドローイング コミュニケーションツールとして 第2版 … 中村純生著
- JIS機械製図の基礎と演習 第5版 …………… 武田信之改訂
- JIS対応 機械設計ハンドブック ……………… 武田信之著
- 技術者必携 機械設計便覧 改訂版 …………… 狩野三郎著
- 標準 機械設計図表便覧 改新増補5版 ……… 小栗冨士雄他共著
- 配管設計ガイドブック 第2版 ………………… 小栗冨士雄他共著
- CADの基礎と演習 AutoCAD 2011を用いた2次元基本製図 … 赤木徹也他共著
- はじめての3次元CAD SolidWorksの基礎 … 木村　昇著
- SolidWorksで始める3次元CADによる機械設計と製図 … 宋　相載他著
- 無人航空機入門 ドローンと安全な空社会 …… 滝本　隆著